故宫服饰色彩图典

○ 郭浩　李文儒　编著

中国传统色

Traditional Colors of China

贰

中信出版集团｜北京

图书在版编目（CIP）数据

故宫服饰色彩图典：全两册 / 郭浩，李文儒编著
. -- 北京：中信出版社，2023.10
（中国传统色）
ISBN 978-7-5217-5838-2

Ⅰ.①故… Ⅱ.①郭…②李… Ⅲ.①宫廷—服饰—
色彩学—中国—清代—图集 Ⅳ.① TS941.742.49

中国国家版本馆CIP数据核字(2023)第115482号

图书策划：中信出版·24小时
特约策划：北京小天下
总 策 划：曹萌瑶
策划编辑：蒲晓天
责任编辑：姜雪梅
特约编辑：谢若冰
内容策划：王津
内容编辑：杨雪枫
图片编辑：陈元　韩志信　张钰
营销编辑：任俊颖　李慧
书籍设计：卜翠红　李健明　陆璐

故宫服饰色彩图典：全两册

编 著 者：郭浩　李文儒
出版发行：中信出版集团股份有限公司
　　　　　（北京市朝阳区东三环北路 27 号嘉铭中心　邮编 100020）
承 印 者：北京雅昌艺术印刷有限公司

开　　本：720mm×970mm　1/16　　印　　张：32.25　　字　　数：250千字
版　　次：2023年10月第1版　　　　印　　次：2023年10月第1次印刷
书　　号：ISBN 978-7-5217-5838-2
定　　价：288.00元（全两册）

郭 浩

文化学者，文创投资人。前哈佛大学肯
尼迪学院访问学者，现正从事中国传统
色彩美学的研究和普及、中国美学的新
创作。已出版的著作包括《中国传统
色：故宫里的色彩美学》《中国传统色：
色彩通识100讲》《中国传统色（青少
版）》《中国传统色：国民版色卡》《中
国传统色：国色山河》《中国传统色：
敦煌里的色彩美学》等。

李文儒

故宫博物院研究员，中国艺术研究院、
南开大学博士生导师。历任国家文物局
博物馆司司长、中国文物报社社长、总
编辑，故宫博物院副院长。已出版的
著作包括《故宫院长说故宫》《紫禁城
六百年》等。

中国传统色

故宫服饰色彩图典 [贰]

目　录

其他

○　故宫服饰色谱

世年一摩寧為數周禮分明
節候論便設軍容示西域侭
看露布靖堅昆好齊以暇千
旆颭阢正還奇萬礴喧風日
晴和士挾纊非予恩也總
天恩南苑大閱紀事一律
戊寅仲冬御筆

弘历盔甲乘马图轴　清

戎服

上衣长　73 厘米
下裳长　71 厘米

文物号　故 00171803
顺治皇帝御用，上衣下裳式，蓝地锁子
纹锦，石青缎缘，月白绸里，外布铜镀
金圆钉。

蓝色锦缎铜钉顺治帝
御用棉甲 清顺治

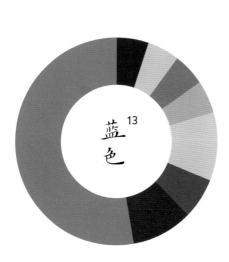

蓝 13
色

C75 M59 Y40 K0
R83 G103 B128

C97 M93 Y55 K31
R22 G38 B71

C93 M86 Y44 K10
R38 G57 B99

C17 M29 Y49 K0
R218 G186 B136

C44 M42 Y42 K0
R159 G146 B139

C67 M59 Y64 K11
R102 G99 B88

C34 M30 Y19 K0
R180 G175 B188

C36 M100 Y99 K3
R172 G30 B36

上衣长　75.7 厘米

两袖通长　158 厘米

下裳长　71 厘米

文物号　故 00171797

康熙皇帝检阅八旗军队时穿用的盔甲，
上衣下裳分解式，穿时各部分由铜鎏金
扣襻联结为一体。

御用棉甲 黄色缎绣金龙纹铜钉康熙帝

清 康熙

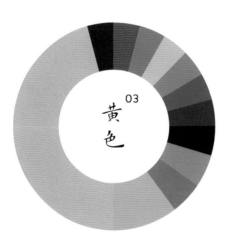

03 黄色

C9 M27 Y83 K0 R235 G192 B56	C16 M34 Y59 K0 R219 G177 B113	C38 M58 Y100 K0 R174 G119 B32
C22 M51 Y99 K0 R205 G140 B14	C87 M85 Y71 K60 R26 G26 B36	C94 M83 Y56 K28 R24 G51 B76
C90 M70 Y35 K1 R34 G82 B125	C71 M44 Y26 K0 R85 G127 B160	C37 M14 Y16 K0 R172 G199 B208
C67 M41 Y85 K0 R103 G131 B73	C17 M88 Y93 K0 R207 G63 B35	C84 M77 Y71 K51 R37 G42 B46

上衣长　78 厘米

肩宽　43 厘米

下摆宽　77 厘米

围裳腰围　100 厘米

围裳长　92 厘米

文物号　故 00044498

康熙皇帝出征围猎时穿用，既彰显至尊
与威严，又极具装饰性。

石青色缎绣彩云蓝龙
有水纹棉甲

清 康熙

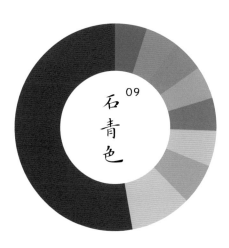

石青色 09

C85 M83 Y64 K43
R43 G42 B57

C38 M37 Y29 K0
R172 G160 B164

C37 M54 Y70 K0
R175 G128 B84

C25 M40 Y64 K0
R201 G160 B101

C67 M62 Y69 K16
R97 G90 B77

C14 M64 Y58 K0
R216 G119 B95

C44 M67 Y67 K2
R159 G101 B83

C69 M58 Y27 K0
R99 G107 B146

C85 M74 Y30 K0
R59 G78 B128

上衣长　74 厘米
下裳长　67 厘米

文物号　故 00171802
雍正皇帝御用，月白缎绣金龙、火珠、
云纹、海水江崖等纹样。

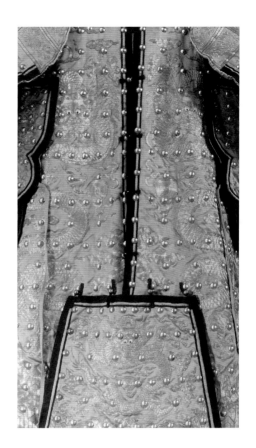

月白色缎绣金龙纹铜钉雍正帝
御用棉甲 〔清雍正〕

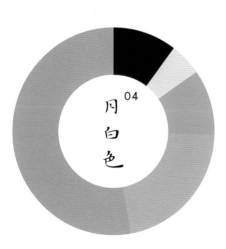

04
月
白
色

C54 M29 Y24 K0 R129 G161 B178	C27 M31 Y51 K0 R197 G176 B131

C27 M37 Y60 K0
R197 G164 B110

C19 M32 Y82 K0
R215 G177 B63

C3 M14 Y35 K0
R248 G225 B176

C87 M86 Y72 K62
R25 G23 B33

上衣长　76 厘米

下摆宽　74 厘米

袖长　87.5 厘米

下裳长　70 厘米

下摆宽　57 厘米

文物号　故 00171801

乾隆皇帝御用，黄色缎绣五彩朵云金龙
纹和海水云崖纹，月白绸里。

黄色缎绣金龙纹铜钉乾隆帝
御用棉甲 〔清 乾隆〕

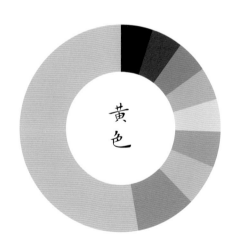

黄色

C16 M26 Y80 K0
R222 G189 B68

C49 M45 Y76 K0
R149 G136 B81

C20 M31 Y59 K0
R212 G180 B115

C32 M45 Y74 K0
R186 G146 B80

C21 M16 Y17 K0
R209 G209 B207

C46 M27 Y22 K0
R151 G171 B184

C62 M45 Y78 K2
R116 G127 B80

C93 M81 Y56 K26
R27 G55 B78

C94 M85 Y82 K73
R2 G12 B15

上衣长　67 厘米

下裳长　96 厘米

文物号　故 00171787

乾隆皇帝在冬季的军事活动中穿用，上
衣下裳式，胸部悬圆形护心镜。

织金缎万字纹铜钉棉甲

清乾隆

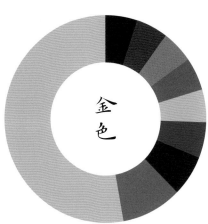

金色

C27 M35 Y61 K0
R197 G168 B109

C74 M65 Y49 K5
R87 G92 B107

C100 M98 Y59 K30
R19 G33 B66

C92 M82 Y44 K9
R39 G63 B102

C40 M31 Y32 K0
R167 G168 B165

C72 M61 Y62 K14
R86 G92 B88

C48 M58 Y87 K4
R149 G113 B58

C48 M90 Y87 K18
R136 G50 B45

C100 M94 Y63 K48
R6 G27 B51

便服

身长　140 厘米

文物号　故 00042335
皇帝便服之一，冬日出门穿用，月白色
绸里，絮薄棉，穿着柔软舒适。

古铜色牡丹花纹暗花春绸

棉斗蓬 （清 康熙）

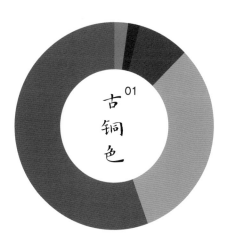

01 古铜色

C58 M72 Y92 K27
R107 G71 B41

C61 M36 Y12 K0
R110 G146 B188

C69 M73 Y81 K44
R70 G54 B42

C90 M80 Y71 K55
R20 G35 B42

C47 M65 Y93 K7
R148 G99 B46

身长　142.5 厘米
两袖通长　171 厘米
袖口宽　20 厘米
下摆宽　113 厘米

文物号　故 00046213
此为夹袍，又称衫，为皇帝回寝宫穿用，没
有满族服饰特有的马蹄袖，方便手部活动。

蓝色二则团龙纹暗花实地
纱夹袍　清乾隆

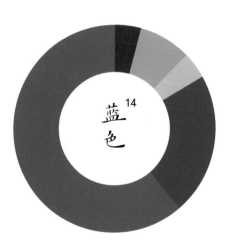

蓝¹⁴色

C99　M80　Y27　K0
R0　G67　B127

C100　M91　Y46　K5
R18　G53　B98

C19　M36　Y66　K0
R213　G171　B98

C72　M30　Y19　K0
R67　G146　B182

C83　M84　Y66　K48
R42　G37　B50

身长　143 厘米

两袖通长　191 厘米

袖口宽　23.5 厘米

下摆宽　116 厘米

文物号　故 00049512

女便袍 绿色缎缀绣八团花纹灰鼠皮 清道光

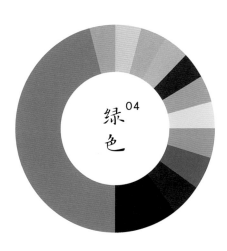

绿色 04

C84 M42 Y45 K0 R15 G122 B133	C85 M85 Y73 K61 R29 G25 B33	C98 M94 Y48 K19 R25 G42 B85
C84 M68 Y31 K0 R59 G86 B132	C71 M28 Y39 K0 R75 G148 B153	C30 M8 Y18 K0 R189 G214 B211
C53 M22 Y77 K0 R136 G167 B88	C36 M96 Y87 K2 R173 G42 B48	C0 M44 Y32 K0 R244 G168 B154
C5 M46 Y60 K0 R236 G160 B102	C8 M26 Y50 K0 R236 G198 B136	C42 M33 Y31 K0 R163 G163 B164

身长　130 厘米

两袖通长　130 厘米

袖口宽　16.5 厘米

下摆宽　106 厘米

文物号　故 00049787

绛色缂丝金团喜字纹上羊皮
下灰鼠皮便袍

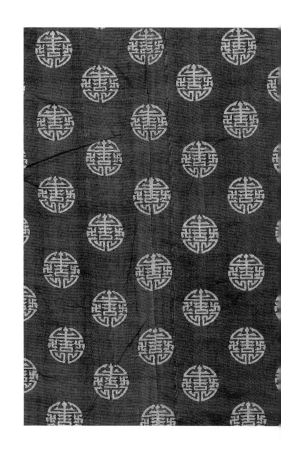

清光绪

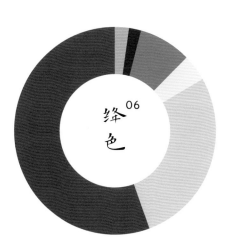

绛色 06

● C57 M83 Y64 K19 R117 G60 B70	◌ C17 M28 Y51 K0 R218 G188 B133	◌ C14 M17 Y24 K0 R225 G212 B194
● C84 M50 Y7 K0 R22 G111 B177	● C75 M76 Y76 K52 R53 G43 B40	● C31 M38 Y56 K0 R188 G161 B116

身长　135 厘米

两袖通长　172 厘米

袖口宽　31 厘米

下摆宽　111 厘米

文物号　故 00043866

后妃便服，面料为洋红色素缎，胸前背
后的装饰寄寓富贵喜庆、百年好合。

洋红色缎打籽绣牡丹蝶纹
夹氅衣 清道光

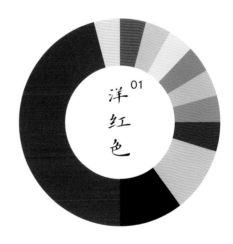

洋红色 01

● C30 M100 Y100 K0 R184 G28 B34	● C91 M89 Y78 K71 R12 G9 B18	● C9 M32 Y82 K0 R234 G183 B59
● C18 M26 Y74 K0 R217 G189 B85	● C100 M97 Y45 K10 R26 G43 B92	● C74 M42 Y23 K0 R71 G128 B166
● C54 M16 Y17 K0 R124 G180 B201	● C58 M51 Y36 K0 R126 G124 B140	● C23 M11 Y17 K0 R205 G216 B211
● C48 M12 Y28 K0 R143 G190 B187	● C15 M91 Y69 K0 R209 G53 B64	● C5 M26 Y18 K0 R239 G203 B197

身长　144 厘米

两袖通长　192 厘米

袖口宽　40 厘米

下摆宽　120 厘米

文物号　故 00043831

清宫后妃的氅衣，暗花中规中矩，无法迎合晚
清后妃张扬的审美取向。这类面料的旧藏并不
多见。

棉氅衣 茄紫色椒眼纹暗花绸

清道光

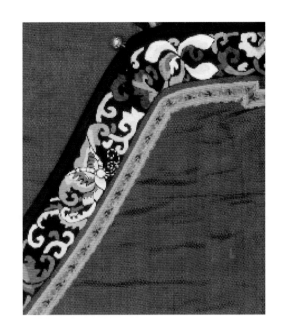

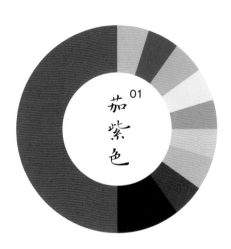

01 茄紫色

C72 M85 Y38 K0
R101 G64 B111

C87 M84 Y77 K67
R21 G19 B24

C73 M77 Y66 K37
R70 G54 B60

C29 M36 Y60 K0
R193 G165 B111

C22 M26 Y62 K0
R209 G186 B112

C54 M40 Y58 K0
R134 G141 B114

C33 M2 Y13 K0
R181 G221 B225

C62 M20 Y17 K0
R99 G167 B196

C93 M76 Y22 K0
R25 G73 B135

C9 M49 Y26 K0
R227 G154 B158

身长 140 厘米

两袖通长 154 厘米

袖口宽 38.5 厘米

下摆宽 117 厘米

文物号 故 00043824

绿色团龙纹暗花绸
夹氅衣 清道光

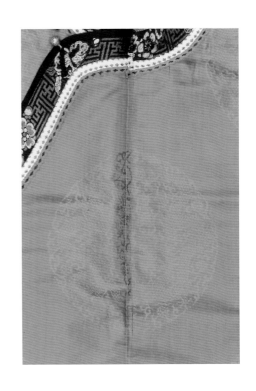

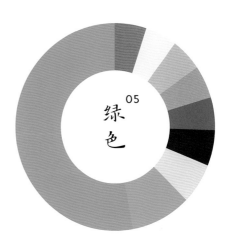

05
绿色

C82 M26 Y43 K0
R0 G143 B147

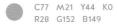
C77 M21 Y44 K0
R28 G152 B149

C10 M17 Y50 K0
R234 G212 B142

C84 M79 Y76 K61
R29 G31 B32

C86 M65 Y33 K0
R46 G90 B132

C27 M49 Y83 K0
R196 G142 B61

C38 M30 Y29 K0
R172 G172 B171

C17 M76 Y45 K0
R208 G91 B105

身长　138 厘米

两袖通长　186 厘米

袖口宽　35.5 厘米

下摆宽　121 厘米

文物号　故 00043187

没有色彩斑斓的纹饰，但是做工考究，
加上异常精致的暗花，既避免单调，又
显得活泼清雅。

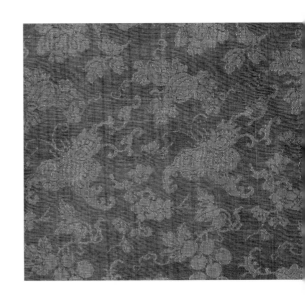

蓝色瓜蝶花卉纹暗花纱
单氅衣　清道光

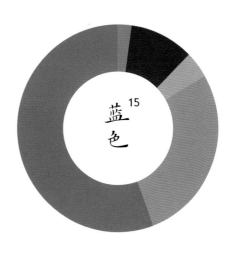

蓝
色　15

C85　M72　Y24　K0
R57　G80　B136

C74　M55　Y12　K0
R80　G109　B167

C56　M47　Y41　K0
R130　G131　B136

C83　M79　Y76　K60
R32　G32　B33

C58　M62　Y74　K12
R120　G97　B72

文物号　故 00028525

藕荷色纱绣凤凰花卉纹
氅衣料 （清道光）

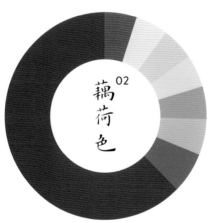

02
藕荷色

C89 M99 Y35 K2
R61 G41 B106

C89 M72 Y29 K0
R41 G80 B131

C60 M30 Y21 K0
R112 G155 B181

C73 M36 Y46 K0
R75 G136 B136

C42 M17 Y26 K0
R161 G189 B186

C14 M42 Y75 K0
R221 G162 B75

C7 M36 Y19 K0
R233 G182 B184

C27 M91 Y79 K0
R190 G55 B55

身长　137 厘米

两袖通长　120 厘米

袖口宽　26 厘米

下摆宽　113 厘米

文物号　故 00046522

皇后便服，面料织造精致，金色饱满，

显得流光溢彩，湖色素纺丝绸里，絮薄

丝绵。

黄色葫芦双喜纹织金缎
棉氅衣　清同治

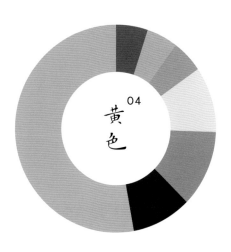

04
黄
色

C22　M30　Y81　K0
R209　G178　B67

C9　M10　Y36　K0
R217　G227　B172

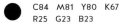
C84　M81　Y80　K67
R25　G23　B23

C45　M37　Y39　K0
R156　G154　B148

C42　M47　Y70　K0
R165　G138　B89

C46　M26　Y17　K0
R150　G172　B193

C86　M72　Y24　K0
R53　G80　B136

身长　137.5 厘米

两袖通长　180 厘米

袖口宽　31 厘米

下摆宽　116 厘米

文物号　故 00043895

海棠花也常用作服装纹饰。海棠花蝶纹兼
备花的娇媚与蝶的生动，更显春意隽永。

绿色缂丝海棠花蝶纹
女夹氅衣

清同治

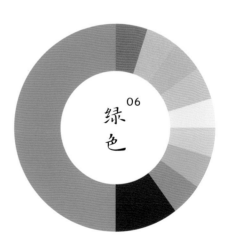

06
绿
色

C78 M31 Y50 K0
R44 G139 B133

C81 M77 Y72 K50
R43 G43 B45

C63 M30 Y91 K0
R111 G148 B64

C61 M13 Y45 K0
R104 G175 B153

C36 M10 Y33 K0
R176 G204 B180

C24 M5 Y13 K0
R203 G225 B224

C21 M21 Y79 K0
R212 G194 B74

C21 M32 Y47 K0
R209 G178 B138

C13 M34 Y28 K0
R224 G182 B171

C11 M77 Y64 K0
R218 G90 B77

身长　139 厘米

两袖通长　178 厘米

袖口宽　30 厘米

下摆宽　116 厘米

文物号　故 00043830

茄紫色朵兰纹暗花绉绸

棉氅衣 清同治

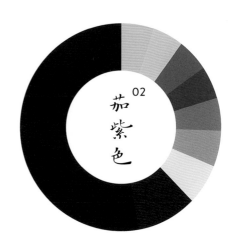

02 茄紫色

● C91 M99 Y53 K29 R43 G31 B71	● C91 M98 Y46 K15 R50 G38 B87	○ C10 M8 Y19 K0 R235 G237 B212
● C26 M37 Y50 K0 R199 G166 B129	● C63 M40 Y48 K0 R111 G137 B130	● C98 M87 Y34 K2 R19 G58 B114
● C84 M69 Y30 K0 R58 G85 B132	○ C33 M10 Y14 K0 R181 G209 B216	○ C17 M17 Y75 K0 R221 G204 B84

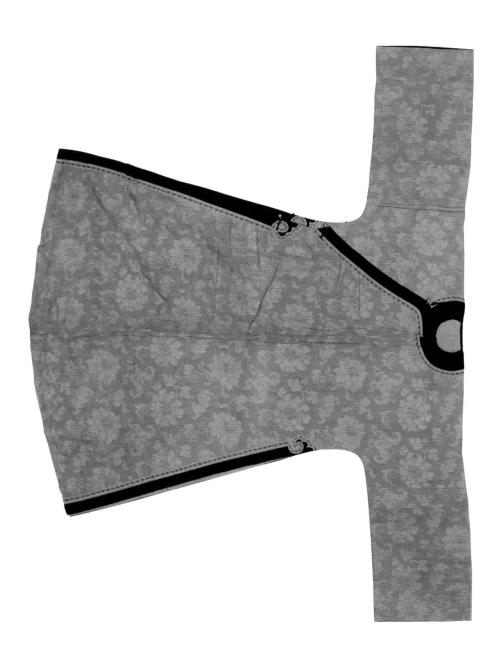

身长　140 厘米

两袖通长　184 厘米

袖口宽　32 厘米

下摆宽　180 厘米

文物号　故 00043730

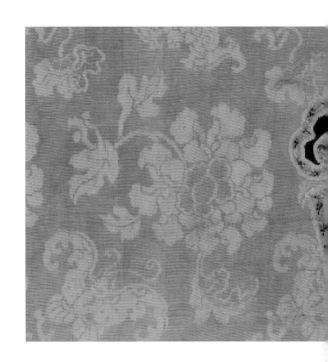

月白色牡丹飞蝠纹暗花罗

棉氅衣　　清同治

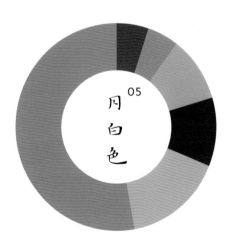

05
月
白
色

C85　M50　Y25　K0
R21　G111　B155

C69　M33　Y22　K0
R83　G144　B176

C85　M84　Y73　K62
R29　G26　B33

C7　M62　Y42　K0
R227　G126　B120

C25　M51　Y71　K0
R199　G140　B82

C64　M47　Y71　K0
R112　G125　B91

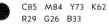
C71　M80　Y66　K38
R74　G50　B58

身长　138.5 厘米

两袖通长　176 厘米

袖口宽　30 厘米

下摆宽　118 厘米

文物号　故 00049812

杏黄色团龙纹暗花江绸

天马皮氅衣 〔清 同治〕

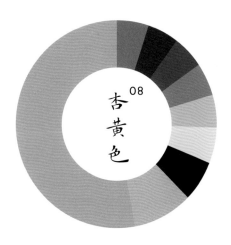

08 杏黄色

C10 M44 Y85 K0
R228 G160 B50

C7 M38 Y79 K0
R235 G173 B65

C83 M81 Y77 K64
R29 G26 B28

C17 M13 Y18 K0
R219 G217 B208

C39 M18 Y23 K0
R168 G190 B192

C67 M44 Y32 K0
R98 G129 B151

C86 M74 Y43 K5
R55 G76 B110

C94 M83 Y56 K28
R24 G51 B76

C51 M57 Y69 K3
R143 G114 B85

文物号　故 00023606

杏黄色缂丝双凤花卉纹
氅衣料 清同治

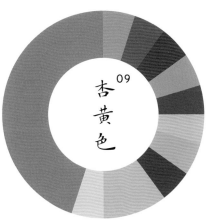

09 杏黄色

C17 M67 Y95 K0
R211 G110 B29

C82 M69 Y50 K9
R64 G81 B102

C79 M59 Y71 K20
R62 G87 B75

C53 M70 Y57 K5
R137 G91 B94

C19 M22 Y80 K0
R217 G193 B70

C49 M26 Y20 K0
R142 G170 B188

C12 M55 Y40 K0
R221 G139 B130

C41 M44 Y39 K0
R166 G145 B142

C22 M35 Y81 K0
R208 G169 B66

C35 M26 Y45 K0
R180 G179 B146

C29 M93 Y95 K0
R187 G50 B38

文物号　故 00023767

品月色缂丝水墨墩兰纹氅衣料 〔清同治〕

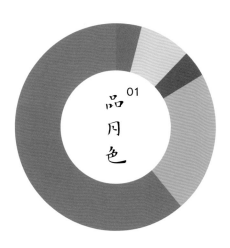

01

品月色

C81 M53 Y27 K0 R53 G109 B150	C31 M37 Y88 K0 R190 G160 B53	C61 M64 Y78 K18 R109 G88 B64
C28 M26 Y33 K0 R195 G185 B168	C61 M58 Y55 K3 R119 G109 B106	

文物号　故 00023770

蓝色缂丝墨竹纹
氅衣料

清同治

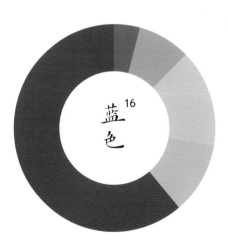

蓝
色 16

	C96 M91 Y23 K0		C22 M35 Y89 K0		C36 M35 Y41 K0
	R34 G52 B123		R208 G169 B46		R177 G164 B146
	C47 M50 Y62 K0		C66 M68 Y70 K24		
	R154 G130 B101		R94 G77 B68		

文物号　故 00023778

宝蓝色缂丝墨荷纹
氅衣料 〔清 同治〕

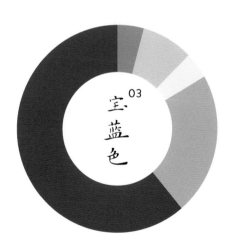

03 宝蓝色

C100　M95　Y25　K0
R25　G46　B119

C29　M40　Y92　K0
R194　G156　B42

C32　M13　Y20　K0
R179　G221　B205

C32　M34　Y42　K0
R186　G168　B145

C56　M58　Y68　K6
R129　G108　B85

文物号　故 00024013

黄色缂丝浅彩福禄善庆纹
氅衣料 清同治

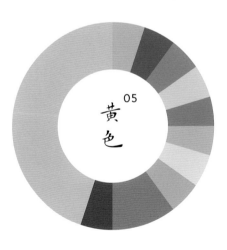

05
黄色

C25 M35 Y86 K0 R202 G167 B55	C39 M92 Y100 K5 R165 G52 B36	C21 M77 Y71 K0 R202 G89 B69
C23 M50 Y48 K0 R202 G144 B122	C22 M22 Y34 K0 R208 G196 B170	C48 M30 Y76 K0 R151 G160 B86
C72 M50 Y86 K0 R91 G116 B71	C36 M20 Y42 K0 R177 G188 B156	C67 M51 Y39 K0 R102 G119 B135
C80 M77 Y47 K9 R73 G71 B101	C40 M39 Y42 K0 R168 G154 B141	

文物号　故 00024151

桃红色缂丝荷花牡丹小菊花纹
氅衣料　清同治

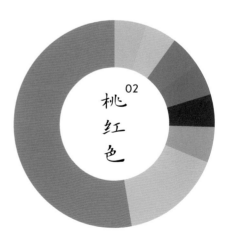

02
桃
红
色

C16　M81　Y65　K0 R209　G80　B74	C27　M32　Y72　K0 R198　G172　B88	C17　M37　Y89　K0 R218　G168　B42
C29　M51　Y91　K0 R192　G137　B45	C82　M76　Y67　K41 R48　G50　B57	C74　M57　Y39　K0 R85　G106　B131
C74　M51　Y53　K2 R82　G113　B114	C42　M29　Y31　K0 R162　G170　B168	C14　M50　Y37　K0 R218　G149　B140

文物号　故 00026453

雪灰色绸绣桂花纹
氅衣料 （清同治）

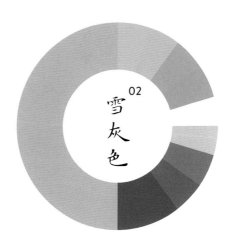

02 雪灰色

C21 M46 Y0 K0
R205 G155 B197

C85 M78 Y0 K0
R60 G69 B154

C69 M73 Y0 K0
R103 G81 B159

C69 M59 Y0 K0
R97 G105 B175

C29 M28 Y4 K0
R190 G183 B213

C4 M6 Y0 K0
R246 G243 B249

C8 M60 Y21 K0
R226 G131 B153

C10 M58 Y15 K0
R223 G135 B163

C3 M44 Y24 K0
R239 G168 B167

C0 M38 Y45 K0
R246 G180 B137

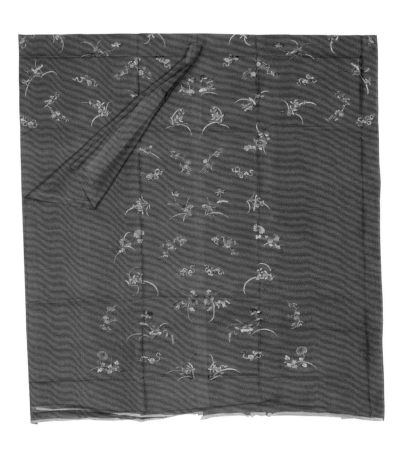

文物号　故 00028502

金黄色芝麻纱绣四季花卉纹氅衣料　清同治

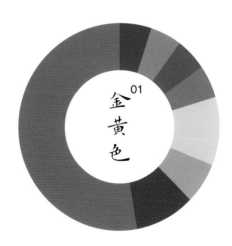

金黄色 01

● C19 M87 Y100 K0 R204 G66 B26	● C36 M97 Y100 K3 R172 G41 B36	● C4 M56 Y27 K0 R234 G141 B149
● C23 M14 Y50 K0 R208 G207 B144	● C30 M11 Y25 K0 R190 G209 B195	● C74 M43 Y71 K2 R79 G123 B93
● C80 M58 Y63 K13 R61 G94 B90	● C71 M42 Y21 K0 R82 G130 B168	● C88 M77 Y42 K5 R50 G71 B109

身长　132 厘米

两袖通长　120 厘米

袖口宽　43 厘米

下摆宽　120 厘米

文物号　故 00045714

最具特色的晚清后妃服饰，绣工非常细
腻精美，十分规矩讲究，可能为慈禧太
后御用。

品月色缎绣玉兰飞蝶纹
夹氅衣 〔清 光绪〕

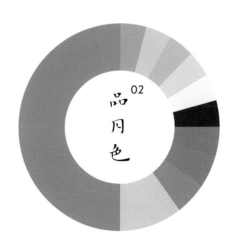

品月色 02

C67 M41 Y21 K0
R95 G134 B170

C70 M50 Y0 K0
R89 G118 B186

C36 M14 Y25 K0
R175 G199 B192

C13 M27 Y3 K0
R224 G197 B219

C52 M55 Y33 K0
R141 G120 B141

C17 M15 Y43 K0
R220 G211 B158

C61 M22 Y40 K0
R108 G164 B156

C55 M44 Y28 K0
R131 G137 B158

C63 M94 Y3 K0
R121 G39 B136

C16 M33 Y54 K0
R219 G179 B124

C61 M34 Y64 K0
R116 G146 B108

身长　133 厘米

两袖通长　131 厘米

袖口宽　29 厘米

下摆宽　114 厘米

文物号　故 00044555

粉色纱绣海棠纹
单氅衣　清光绪

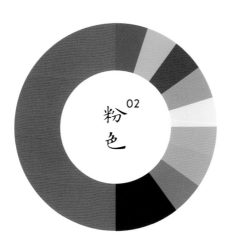

粉色 02

● C4 M90 Y62 K0 R226 G55 B72		● C82 M83 Y81 K69 R27 G19 B19		● C82 M39 Y83 K1 R41 G125 B80	
● C47 M21 Y88 K0 R153 G173 B63		● C38 M24 Y63 K0 R174 G178 B112		● C73 M47 Y16 K1 R218 G231 B210	
● C29 M51 Y27 K0 R190 G140 B154		● C44 M100 Y45 K0 R159 G26 B91		● C59 M6 Y26 K0 R103 G188 B193	
● C94 M73 Y12 K0 R3 G76 B148					

身长　132.5 厘米

两袖通长　116 厘米

袖口宽　33.5 厘米

下摆宽　114 厘米

文物号　故 00044574

此为隆裕太后夏季便服，反映了晚清宫
廷日常服饰追求宽襟博袖的舒适、繁缛
的做工以及华丽的色彩。

红色纳纱百蝶金双喜纹
单氅衣 （清光绪）

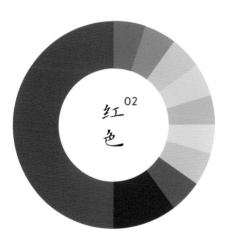

红色 02

● C31 M96 Y100 K0 R183 G42 B34	● C77 M83 Y80 K64 R39 G24 B25	● C67 M66 Y89 K33 R84 G72 B44
● C24 M34 Y52 K0 R203 G172 B127	● C21 M22 Y31 K0 R210 G197 B176	● C47 M29 Y63 K0 R152 G163 B111
● C33 M16 Y59 K0 R186 G194 B124	● C45 M24 Y22 K0 R153 G176 B187	● C15 M77 Y67 K0 R212 G90 B73
● C83 M71 Y18 K0 R62 G82 B144		

身长　137 厘米

两袖通长　123 厘米

袖口宽　28 厘米

下摆宽　116 厘米

文物号　故 00045277

此为晚清皇后、皇太后春秋两季穿用的
便服。其中，元青色葡萄纹边的图案与
氅衣面料图案相呼应，主次分明，设计
主题清晰。

明黄色绸绣紫葡萄纹
夹氅衣 〔清 光绪〕

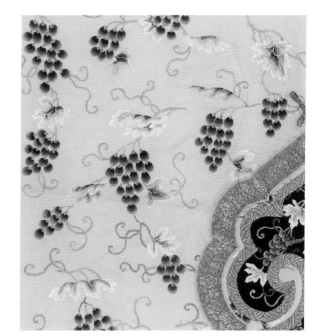

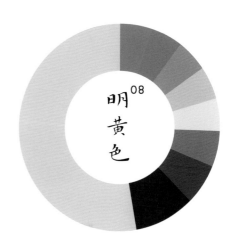

明黄色⁰⁸

C10 M21 Y83 K0
R235 G201 B57

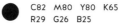

C82 M80 Y80 K65
R29 G26 B25

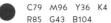

C79 M96 Y36 K4
R85 G43 B104

C50 M76 Y7 K0
R146 G81 B150

C28 M6 Y19 K0
R194 G219 B211

C21 M28 Y52 K0
R210 G185 B131

C66 M39 Y36 K0
R100 G137 B150

C78 M49 Y40 K0
R64 G116 B135

C79 M56 Y15 K0
R63 G106 B162

身长　136.5 厘米

两袖通长　132 厘米

袖口宽　35 厘米

下摆宽　115 厘米

文物号　故 00045925

后妃夏日便服，袖长及肘，折叠多达四
层，体现了晚清后妃便服的装饰特点。

明黄色线绸绣牡丹平金团寿纹
单氅衣 清 光绪

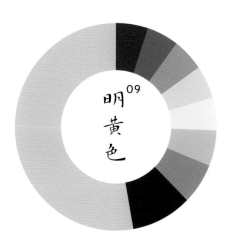

明黄色 09

C13 M22 Y84 K0
R229 G197 B56

C82 M79 Y80 K65
R29 G27 B25

C33 M51 Y91 K0
R184 G135 B47

C23 M26 Y58 K0
R207 G186 B120

C15 M9 Y17 K0
R224 G226 B214

C29 M11 Y26 K0
R192 G209 B194

C65 M27 Y18 K0
R93 G155 B188

C84 M65 Y0 K0
R51 G89 B167

C98 M99 Y36 K2
R36 G42 B105

身长　134 厘米

两袖通长　109 厘米

袖口宽　32 厘米

下摆宽　116 厘米

文物号　故 00044576

紫色纱绣朵兰三纹
单氅衣 清光绪

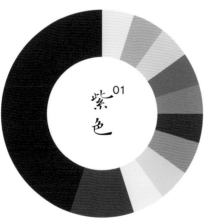

紫色01

● C95 M100 Y59 K29 R34 G32 B66	● C86 M87 Y55 K29 R51 G46 B74	○ C78 M47 Y46 K0 R67 G120 B132
○ C60 M3 Y33 K0 R99 G190 B182	● C81 M42 Y69 K2 R47 G121 B97	● C47 M97 Y44 K0 R153 G37 B94
● C78 M66 Y0 K0 R74 G90 B167	● C92 M67 Y43 K4 R13 G84 B116	○ C29 M27 Y72 K0 R195 G179 B91
● C46 M50 Y75 K0 R156 G130 B80	○ C31 M41 Y75 K0 R182 G152 B125	

身长　132 厘米

两袖通长　126 厘米

袖口宽　26.5 厘米

下摆宽　114 厘米

文物号　故 00045460

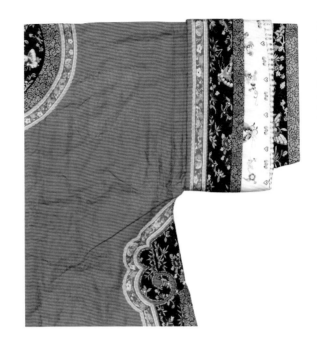

桃红色团龙纹暗花江绸

棉氅衣 清光绪

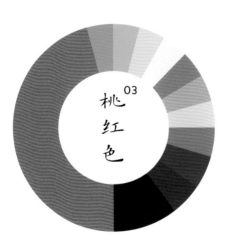

桃红色 03

C0 M82 Y53 K0 R233 G79 B88	C85 M85 Y73 K61 R29 G25 B33	C93 M89 Y5 K0 R43 G52 B140
C93 M81 Y4 K0 R33 G64 B148	C84 M45 Y12 K0 R0 G118 B176	C18 M15 Y67 K0 R219 G207 B105
C37 M41 Y86 K0 R177 G150 B60	C57 M53 Y80 K5 R127 G116 B71	
C35 M12 Y40 K0 R179 G201 B165	C64 M0 Y54 K0 R87 G186 B143	C82 M11 Y67 K0 R0 G158 B115

身长　136.5 厘米

两袖通长　112 厘米

袖口宽　33.5 厘米

下摆宽　115 厘米

文物号　故 00046404

浅黄色罗绣海棠花纹
单氅衣 清光绪

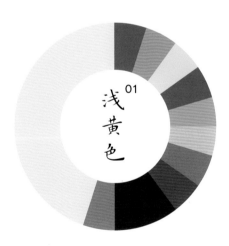

01 浅黄色

	C68 M37 Y40 K0 R93 G138 B145	C82 M78 Y76 K56 R37 G37 B37
C85 M78 Y20 K0 R61 G71 B136	C53 M63 Y10 K0 R138 G106 B162	C23 M29 Y2 K0 R203 G186 B216
C65 M20 Y10 K0 R85 G165 B206	C93 M61 Y0 K0 R0 G92 B171	C33 M0 Y19 K0 R181 G222 B215
C71 M19 Y38 K0 R65 G160 B161	C87 M54 Y49 K1 R24 G104 B119	

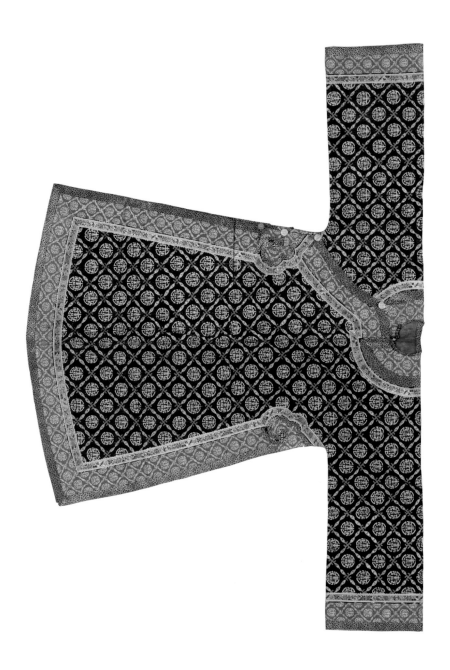

身长　138 厘米

两袖通长　202 厘米

袖口宽　34.5 厘米

下摆宽　114 厘米

文物号　故 00046667

玄青色缂丝菱形藕节万字金团寿纹

夹氅衣　清光绪

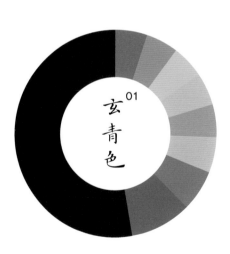

玄青色 01

C84　M81　Y73　K59
R32　G31　B36

C82　M63　Y15　K0
R58　G94　B155

C78　M50　Y26　K0
R63　G115　B154

C32　M42　Y10　K0
R184　G156　B188

C53　M44　Y35　K0
R137　G138　B148

C38　M31　Y42　K0
R173　G169　B147

C29　M30　Y62　K0
R194　G175　B110

C67　M35　Y63　K0
R98　G140　B109

C83　M51　Y42　K0
R43　G111　B131

身长　139.5 厘米

两袖通长　109 厘米

袖口宽　33.7 厘米

下摆宽　117 厘米

文物号　故 00046777

月白色缎平金银绣墩兰纹
棉氅衣 清光绪

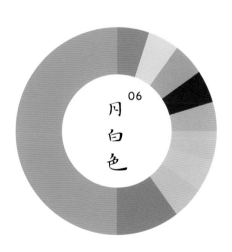

06
月
白
色

C71 M30 Y17 K0
R71 G147 B186

C68 M45 Y25 K0
R95 G127 B160

C29 M32 Y44 K0
R193 G173 B143

C29 M28 Y44 K0
R193 G180 B146

C26 M25 Y21 K0
R198 G190 B190

C34 M28 Y25 K0
R181 G178 B180

C77 M82 Y66 K45
R57 G42 B53

C46 M48 Y20 K0
R153 G136 B166

C24 M14 Y10 K0
R202 G211 B220

C81 M40 Y20 K0
R25 G127 B171

身长　137 厘米

两袖通长　111 厘米

袖口宽　32 厘米

下摆宽　117 厘米

文物号　故 00046778

月白色江绸平金绣团寿字纹
夹氅衣　清光绪

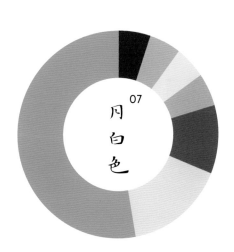

07
月
白
色

C75　M31　Y26　K0
R54　G142　B171

C14　M18　Y40　K0
R226　G208　B162

C57　M64　Y74　K12
R122　G94　B71

C26　M36　Y54　K0
R199　G167　B122

C25　M32　Y52　K0
R203　G178　B130

C39　M28　Y35　K0
R170　G174　B162

C80　M75　Y74　K52
R43　G43　B43

身长　137.5 厘米

两袖通长　119 厘米

袖口宽　27 厘米

下摆宽　115 厘米

文物号　故 00046785

藕荷色缎平金银绣菱形藕节万字
金团寿纹夹氅衣 清光绪

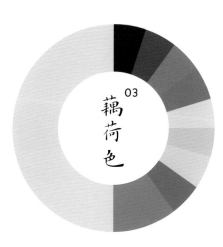

03
藕荷色

C19 M25 Y6 K0 R212 G196 B215	C84 M41 Y20 K0 R0 G124 B170	C92 M48 Y45 K0 R0 G111 B129
C16 M26 Y47 K0 R220 G192 B142	C29 M30 Y66 K0 R194 G175 B102	C24 M22 Y23 K0 R203 G196 B190
C61 M55 Y55 K2 R119 G114 B108	C70 M45 Y70 K0 R94 G125 B94	C79 M79 Y22 K0 R80 G71 B133
C81 M80 Y76 K60 R34 G31 B33		

文物号　故 00026955

紫红色绸绣浅彩云鹤暗八仙纹氅衣料 　清 光绪

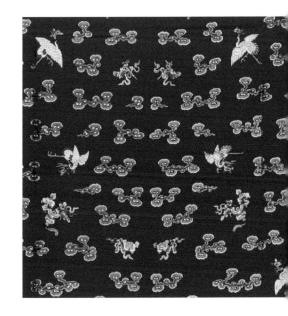

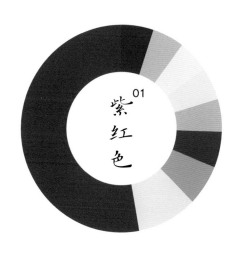

01
紫红色

C38 M100 Y58 K0
R170 G26 B77

C93 M88 Y44 K10
R40 G54 B98

C71 M47 Y21 K0
R86 G123 B164

C28 M52 Y78 K0
R193 G136 B70

C54 M38 Y51 K0
R134 G146 B127

C65 M100 Y59 K0
R118 G38 B80

文物号　故 00029048

品月色纳纱百蝶纹
氅衣料 清光绪

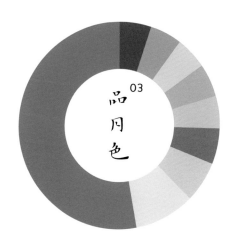

03 品月色

 C84 M59 Y29 K0
R47 G99 B142

 C31 M41 Y61 K0
R188 G155 B106

 C27 M44 Y5 K0
R193 G155 B192

C60 M73 Y10 K0
R124 G85 B150

C31 M41 Y61 K0
R188 G155 B106

C25 M57 Y56 K0
R198 G129 B104

 C38 M25 Y60 K0
R174 G176 B118

 C67 M37 Y47 K0
R97 G139 B134

 C80 M77 Y69 K47
R48 G46 B50

文物号　故 00026783

湖色绸绣浅彩鱼藻纹氅衣料 〔清光绪〕

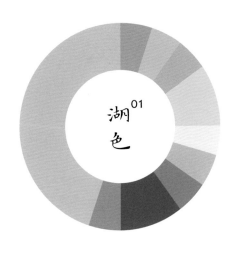

湖色 01

C34 M16 Y4 K0
R178 G199 B226

C52 M30 Y18 K0
R135 G161 B187

C73 M57 Y0 K0
R84 G106 B177

C50 M42 Y4 K0
R141 G144 B193

C16 M30 Y14 K0
R218 G188 B198

C0 M13 Y4 K0
R252 G233 B236

C0 M22 Y24 K0
R250 G213 B191

C1 M22 Y43 K0
R250 G211 B154

C5 M40 Y58 K0
R238 G173 B110

C23 M17 Y46 K0
R207 G202 B150

C38 M25 Y63 K0
R174 G176 B112

文物号　故 00026784

湖色绸绣浅彩鱼藻纹
氅衣料

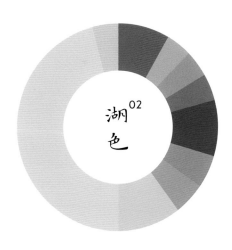

湖色 02

C19 M12 Y8 K0
R214 G218 B226

C34 M8 Y11 K0
R178 G211 B223

C48 M20 Y26 K0
R144 G179 B183

C55 M31 Y0 K0
R124 G158 B210

C84 M76 Y0 K0
R62 G72 B156

C73 M76 Y42 K4
R94 G76 B110

C47 M59 Y22 K0
R152 G116 B152

C20 M49 Y0 K0
R207 G149 B193

C3 M45 Y33 K0
R239 G165 B152

C21 M77 Y91 K0
R202 G88 B41

C49 M64 Y74 K0
R150 G105 B76

C8 M19 Y72 K0
R239 G207 B89

文物号　故 00046170

米黄色团年年吉庆纹暗花直径纱

单袍 清乾隆

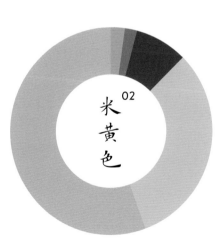

02 米黄色

C13 M31 Y60 K0
R226 G184 B112

C14 M21 Y51 K0
R226 G202 B137

C80 M67 Y56 K15
R65 G80 B92

C39 M55 Y87 K4
R168 G122 B55

C20 M36 Y70 K0
R211 G170 B90

身长　140 厘米

两袖通长　184 厘米

袖口宽　17.5 厘米

下摆宽　124 厘米

文物号　故 00045825

织造精细，提花清晰，为乾隆皇帝春秋
两季御用。

绛色二则团龙纹暗花缎
单袍 清乾隆

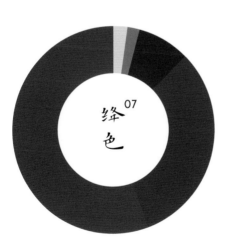

绛色 07

● C51 M89 Y85 K26
R121 G47 B43

● C54 M89 Y85 K36
R105 G40 B38

● C83 M81 Y73 K57
R35 G33 B38

● C53 M62 Y99 K19
R125 G93 B36

● C16 M31 Y65 K0
R220 G182 B102

身长　140 厘米

两袖通长　180 厘米

袖口宽　30 厘米

下摆宽　116 厘米

文物号　故 00043707

绿色朵兰纹暗花绉绸
单袍 〔清咸丰〕

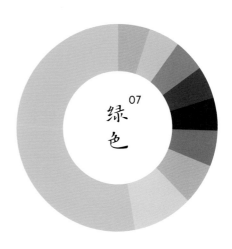

07
绿
色

 C39 M12 Y70 K0
R172 G194 B103

 C32 M8 Y64 K0
R189 G206 B117

 C39 M26 Y33 K0
R169 G177 B167

C64 M55 Y52 K0
R113 G114 B114

C83 M78 Y76 K58
R33 G35 B35

C94 M81 Y31 K0
R30 G67 B122

 C75 M41 Y22 K0
R66 G129 B168

 C50 M10 Y19 K0
R135 G192 B204

 C25 M38 Y59 K0
R201 G164 B111

身长　133.5 厘米

两袖通长　140 厘米

袖口宽　20 厘米

下摆宽　93 厘米

文物号　故 00045991

玫瑰红色团璧纹暗花江绸
单袍 清同治

玫瑰
红色

01

	C33 M100 Y83 K0 R179 G29 B51		C26 M100 Y74 K0 R190 G23 B58		C67 M93 Y77 K59 R60 G16 B28
	C51 M59 Y91 K7 R140 G108 B52		C38 M46 Y77 K0 R174 G141 B76		

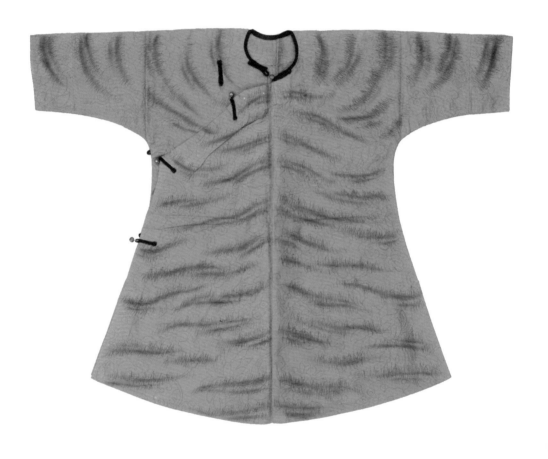

身长 57.5 厘米

两袖通长 72 厘米

袖口宽 11 厘米

下摆宽 56 厘米

文物号 故 00049269

杏黄色画虎纹菊蝶纹地暗花
实地纱小单袍

清同治

杏黄色 10

C20 M52 Y79 K0
R208 G140 B65

C62 M71 Y97 K36
R91 G64 B31

C31 M65 Y97 K0
R186 G110 B34

C70 M78 Y93 K58
R55 G36 B20

C57 M55 Y82 K7
R126 G111 B67

文物号　故 00043250

淡蓝色团荷花纹暗花绸

夹衬衣 清道光

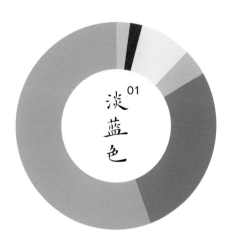

淡蓝色 01

●	C71 M25 Y23 K0 R67 G153 B181	●	C85 M52 Y19 K0 R24 G109 B160	●	C25 M42 Y29 K0 R199 G159 B160
●	C28 M8 Y23 K0 R194 G214 B207	●	C87 M82 Y54 K23 R49 G55 B81	●	C25 M34 Y55 K0 R201 G171 B121

身长　139 厘米

两袖通长　182 厘米

袖口宽　30 厘米

下摆宽　115 厘米

文物号　故 00043712

做工精细，纹饰简洁大方。

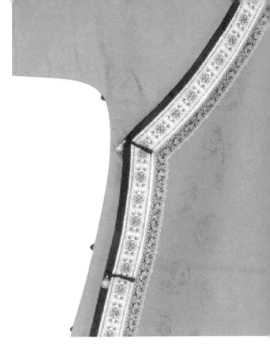

杏黄色三元纹暗花绸

夹衬衣 清同治

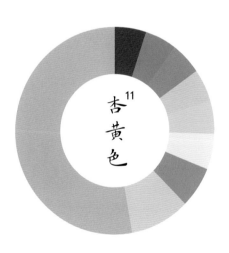

杏黄色 11

C18 M37 Y85 K0
R216 G168 B54

C18 M22 Y52 K0
R217 G197 B135

C19 M56 Y98 K0
R210 G131 B17

C38 M16 Y7 K0
R168 G195 B220

C29 M26 Y7 K0
R190 G186 B211

C53 M49 Y19 K0
R137 G130 B166

C49 M54 Y51 K0
R149 G123 B115

C62 M74 Y79 K33
R94 G63 B50

身长　132 厘米

两袖通长　133 厘米

袖口宽　26 厘米

下摆宽　110 厘米

文物号　故 00044559

绿色纱绣枝梅金团寿纹
镶领袖边单袍 清同治

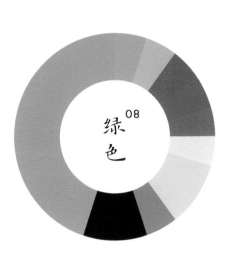

08
绿色

C59 M32 Y70 K0
R122 G149 B98

C83 M80 Y79 K63
R30 G28 B28

C50 M51 Y84 K0
R148 G126 B66

C19 M21 Y70 K0
R225 G199 B95

C18 M21 Y55 K0
R218 G199 B129

C31 M77 Y75 K0
R184 G87 B66

C77 M66 Y21 K0
R79 G92 B145

C52 M77 Y18 K0
R142 G80 B138

C58 M20 Y34 K0
R116 G170 B168

C67 M24 Y42 K0
R88 G156 B151

身长　134 厘米

两袖通长　130 厘米

袖口宽　23 厘米

下摆宽　114 厘米

文物号　故 00046753

花朵熨贴于缎面，金属独特的折射作用，
让衣服表现出强烈的浮雕感，凸显皇家
御用服饰的富丽尊贵。

品月色缎平金银绣菊花
团寿字纹棉衬衣 清 光绪

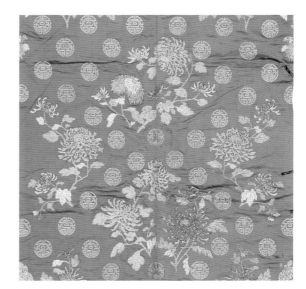

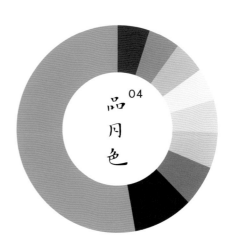

品月色 04

C73 M27 Y17 K0
R57 G149 B188

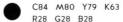
C84 M80 Y79 K63
R28 G28 B28

C45 M59 Y93 K3
R157 G113 B48

C18 M28 Y56 K0
R216 G187 B123

C13 M18 Y44 K0
R228 G209 B154

C13 M10 Y19 K0
R228 G225 B210

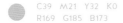
C39 M21 Y32 K0
R169 G185 B173

C75 M39 Y3 K0
R58 G132 B195

C69 M93 Y5 K0
R108 G43 B136

身长　134 厘米

两袖通长　127 厘米

袖口宽　24 厘米

下摆宽　106 厘米

文物号　故 00049557

图案大气，用色华丽，尤其是下幅缂金
织造海水江崖图案，彰显了皇家服饰的
华贵端庄。

月白色缂丝凤梅花纹
灰鼠皮衬衣

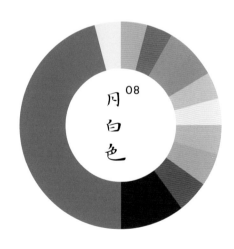

月白色 08

 C78 M56 Y0 K0
R65 G105 B178

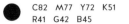 C82 M77 Y72 K51
R41 G42 B45

 C59 M74 Y43 K0
R128 G85 B112

 C40 M39 Y16 K0
R166 G156 B182

 C13 M45 Y18 K0
R221 G161 B174

 C16 M36 Y38 K0
R218 G175 B151

 C47 M47 Y50 K0
R153 G136 B122

 C41 M47 Y80 K0
R168 G138 B71

 C55 M66 Y0 K0
R134 G98 B168

 C56 M25 Y11 K0
R120 G166 B202

身长　136 厘米

两袖通长　130 厘米

袖口宽　24 厘米

下摆宽　110 厘米

文物号　故 00045688

将紫藤绣于衣间，于明丽中增添一抹藤
荫下的清爽。

月白色缎绣彩藤萝纹
棉衬衣 清光绪

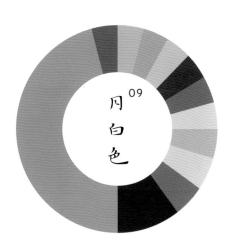

月白色 09

C77 M43 Y21 K0　R58 G125 B167

C84 M82 Y75 K61　R30 G28 B32

C62 M62 Y80 K17　R108 G91 B63

C22 M25 Y68 K0　R209 G188 B99

C27 M42 Y67 K0　R197 G155 B94

C31 M25 Y19 K0　R187 G186 B193

C68 M69 Y47 K4　R104 G88 B109

C80 M90 Y55 K29　R65 G42 B72

C46 M24 Y78 K0　R155 G170 B84

C69 M31 Y69 K0　R90 G144 B102

C57 M29 Y30 K0　R121 G158 B168

C88 M74 Y27 K0　R47 G77 B131

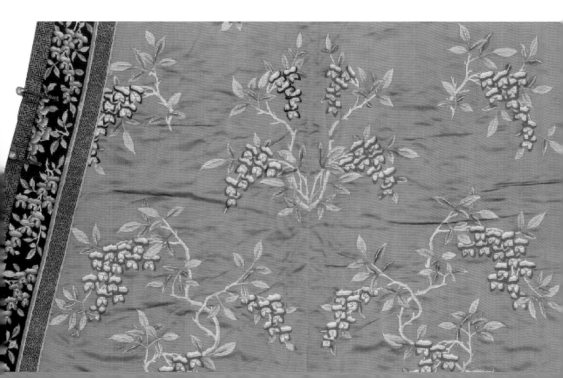

文物号　故 00045724

衬衣拆片 品月色缎绣加金枝梅水仙纹

清光绪

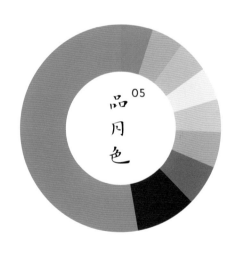

05 品月色

身长　98.5 厘米

两袖通长　124 厘米

袖口宽　12.4 厘米

下摆宽　68.6 厘米

文物号　故 00045274

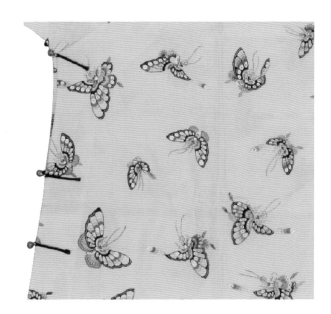

米黄色绸绣水墨百蝶纹
单衬衣 清光绪

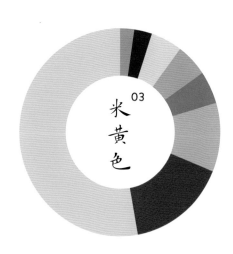

米黄色 03

C23 M19 Y50 K0 R207 G199 B141

C72 M71 Y87 K41 R68 G58 B40

C40 M33 Y42 K0 R168 G164 B146

C58 M61 Y72 K0 R130 G107 B82

C42 M41 Y54 K0 R164 G149 B119

C20 M19 Y30 K0 R212 G203 B180

C77 M76 Y90 K61 R41 G35 B22

C43 M49 Y77 K0 R163 G133 B76

身长 135 厘米

两袖通长 130 厘米

袖口宽 31.5 厘米

下摆宽 114 厘米

文物号 故 00046595

所谓"一树梅",是以整枝梅作为衣身
的装饰图案,与寻常所见的折枝花或团
花的效果完全不同。

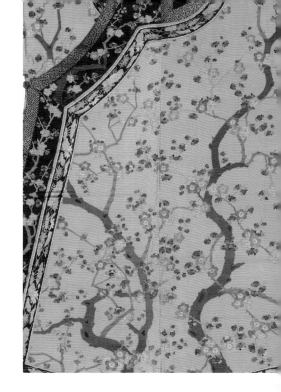

浅月白色缂丝整枝梅花纹
棉衬衣 清光绪

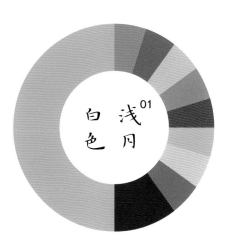

浅月白色 01

C54 M23 Y24 K0 R128 G170 B183	
C11 M31 Y53 K0 R229 G186 B127	
C38 M58 Y11 K0 R171 G122 B167	
C71 M40 Y24 K0 R81 G133 B166	

C78 M76 Y77 K53 R46 G42 B39	
C46 M20 Y41 K0 R152 G179 B157	
C27 M35 Y20 K0 R195 G171 B182	

C56 M59 Y87 K10 R126 G103 B57	
C60 M82 Y13 K0 R126 G68 B139	
C69 M61 Y55 K7 R97 G98 B102	

身长　134 厘米

两袖通长　127 厘米

袖口宽　24 厘米

下摆宽　108 厘米

文物号　故 00046612

雪青色缂金整枝竹子纹

棉衬衣 （清光绪）

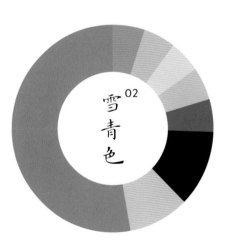

02 雪青色

C55 M64 Y0 K0			C33 M33 Y45 K0			C84 M80 Y77 K62	
R133 G102 B170			R184 G169 B141			R29 G29 B30	

C91 M99 Y42 K8
R54 G40 B95

C88 M63 Y29 K0
R31 G92 B138

C54 M26 Y32 K0
R130 G165 B168

C33 M23 Y29 K0
R183 G187 B178

C34 M37 Y60 K0
R183 G160 B111

C43 M52 Y82 K0
R163 G128 B67

身长　134 厘米

两袖通长　137 厘米

袖口宽　18 厘米

下摆宽　84 厘米

文物号　故 00046616

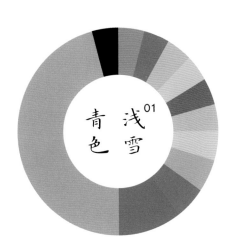

浅雪青色缂金万字地
双喜字纹棉衬衣

（清光绪）

浅雪
青色 01

C31 M45 Y17 K0 R186 G151 B175	C77 M53 Y30 K0 R70 G111 B146	C53 M53 Y66 K2 R139 G121 B92
C15 M40 Y51 K0 R219 G167 B124	C7 M29 Y55 K0 R237 G192 B124	C21 M31 Y37 K0 R209 G181 B157
C48 M59 Y27 K0 R150 G115 B145	C29 M18 Y55 K0 R194 G195 B131	C37 M22 Y37 K0 R174 G184 B164
C73 M48 Y57 K0 R85 G119 B112	C65 M42 Y19 K0 R102 G134 B172	C82 M80 Y77 K62 R32 G29 B30

身长　134 厘米

两袖通长　137 厘米

袖口宽　18 厘米

下摆宽　84 厘米

文物号　故 00044620

以单绦边镶滚，在清代后妃便服中十分
罕见。

云鹤纹夹袍 宝蓝色缎平金绣

清光绪

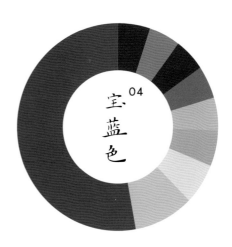

宝蓝色 04

● C96 M96 Y31 K1
R40 G45 B112

◉ C38 M33 Y41 K0
R173 G165 B147

◉ C37 M22 Y21 K0
R195 G194 B193

◉ C52 M41 Y40 K0
R139 G143 B142

◉ C41 M43 Y62 K0
R167 G145 B104

● C69 M66 Y73 K26
R85 G77 B65

● C82 M77 Y77 K58
R35 G36 B35

● C86 M48 Y100 K12
R30 G103 B53

● C49 M96 Y100 K25
R126 G34 B30

身长　137 厘米

两袖通长　133 厘米

袖口宽　24 厘米

下摆宽　116 厘米

文物号　故 00050030

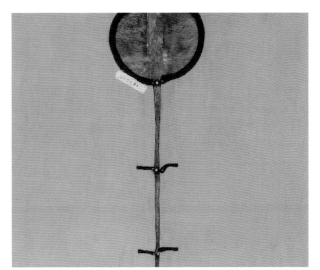

灰色团花纹暗花春绸
鹿皮腿马褂 清雍正

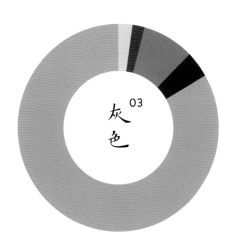

03 灰色

C33 M34 Y45 K0
R184 G167 B140

C80 M78 Y71 K50
R46 G42 B46

C44 M56 Y74 K1
R160 G121 B78

C58 M73 Y90 K32
R102 G66 B39

C12 M17 Y26 K0
R219 G210 B190

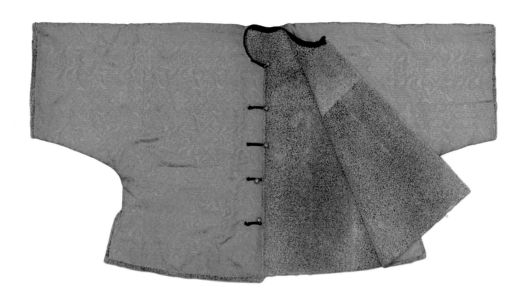

身长　63 厘米

两袖通长　144 厘米

袖口宽　29 厘米

下摆宽　80 厘米

文物号　故 00050316

皇帝便服之一，冬季罩于便袍外面，这
件马褂里为小羔羊皮，柔软轻薄。

明黄色大葫芦纹暗花春绸
草上霜皮马褂　清 嘉庆

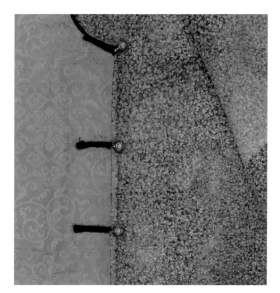

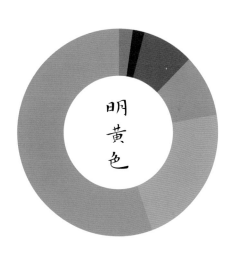

明黄色

C50　M59　Y100　K8
R142　G107　B38

C47　M53　Y100　K0
R155　G124　B38

C64　M56　Y54　K2
R112　G111　B109

C78　M71　Y71　K40
R56　G58　B56

C84　M83　Y81　K70
R23　G18　B19

C58　M69　Y100　K5
R128　G91　B43

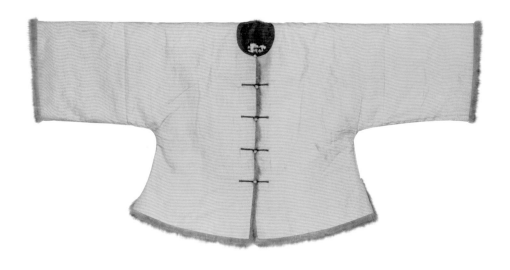

身长　68 厘米

两袖通长　120 厘米

袖口宽　32 厘米

下摆宽　80 厘米

文物号　故 00044967

皇帝便服之一，以明黄色暗团龙纹江绸
为里，以熏貂皮为面，貂皮板非常细薄，
针脚更细，工艺精湛绝伦。

明黄色团龙纹暗花江绸
貂皮镶喜字皮马褂 清嘉庆

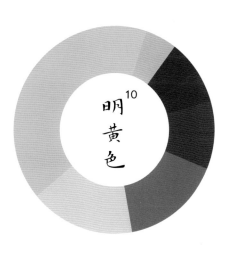

明黄色 10

C3 M36 Y88 K0
R243 G179 B35

C21 M26 Y32 K0
R209 G190 B171

C50 M63 Y82 K7
R142 G102 B63

C54 M81 Y88 K30
R111 G57 B40

C65 M78 Y77 K43
R79 G50 B44

C79 M75 Y71 K45
R51 G50 B51

C23 M37 Y61 K0
R205 G167 B108

身长　67 厘米

两袖通长　112 厘米

袖口宽　24.5 厘米

下摆宽　73 厘米

文物号　故 00049916

白色鹿皮板夹马褂

清 同治

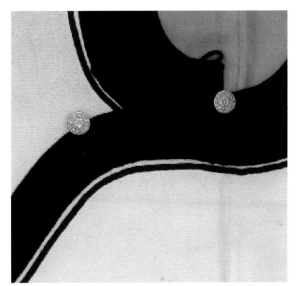

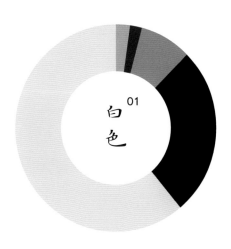

白
色
01

C12 M14 Y23 K0
R229 G219 B199

C86 M83 Y85 K73
R17 G14 B12

C62 M32 Y29 K0
R108 G150 B167

C76 M73 Y77 K49
R53 G49 B43

C22 M35 Y67 K0
R208 G171 B97

身长　62 厘米

两袖通长　136 厘米

袖口宽　20 厘米

下摆宽　70 厘米

文物号　故 00044759

后妃便服之一，通身镶青色长圆寿织金

缎缘，湖色素纺绸里，配色清丽优雅。

蓝色缎穿珠绣栀子天竹纹
女大襟夹马褂 清光绪

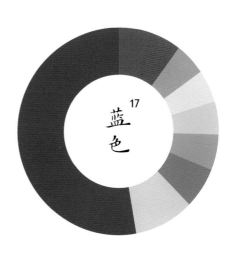

蓝
色 17

● C97 M89 Y0 K0 R25 G50 B144	● C31 M36 Y73 K0 R190 G163 B86	● C96 M41 Y100 K3 R0 G115 B61
● C79 M25 Y99 K0 R43 G143 B59	● C54 M10 Y87 K0 R132 G181 B71	● C30 M49 Y38 K0 R190 G188 B157
● C49 M58 Y71 K0 R150 G116 B83	● C43 M89 Y100 K10 R153 G56 B35	● C79 M72 Y72 K43 R52 G54 B53

身长　74.5 厘米

两袖通长　124 厘米

袖口宽　30 厘米

下摆宽　92 厘米

文物号　故 00049938

皇帝便服之一，装饰风格华丽繁复，既
有晚清宫廷的装饰特色，又有外来装饰
的特征。

绿色牡丹纹暗花缎青白肷镶福寿字
貂皮琵琶襟马褂

清光绪

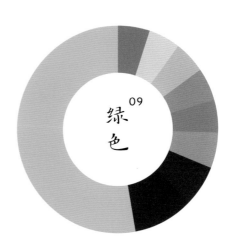

⁰⁹
绿
色

C45 M25 Y82 K0
R158 G169 B75

C84 M78 Y74 K56
R33 G36 B39

C70 M78 Y86 K56
R57 G38 B27

C48 M50 Y66 K0
R151 G129 B95

C63 M43 Y100 K2
R114 G129 B48

C54 M43 Y64 K0
R136 G137 B102

C35 M30 Y44 K0
R180 G172 B145

C21 M26 Y32 K0
R209 G190 B171

C59 M68 Y24 K0
R126 G95 B140

身长　74 厘米

两袖通长　122 厘米

袖口宽　34.3 厘米

下摆宽　96 厘米

文物号　故 00050316

以品月色素缎为面，绣制大朵折枝绣球花，纹样写实逼真，晕色自然和谐。

品月色缎绣绣球梅纹
女对襟夹马褂 清 光绪

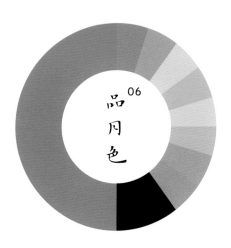

06 品月色

 C77 M36 Y20 K0
R48 G135 B175

 C39 M36 Y53 K0
R171 G159 B124

 C40 M9 Y22 K0
R164 G203 B201

 C73 M32 Y24 K0
R66 G142 B173

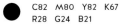 C82 M80 Y82 K67
R28 G24 B21

 C27 M16 Y65 K0
R200 G198 B110

 C15 M15 Y16 K0
R222 G216 B210

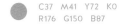 C37 M41 Y72 K0
R176 G150 B87

 C24 M8 Y20 K0
R204 G219 B208

 C34 M33 Y15 K0
R180 G170 B191

身长　74 厘米

两袖通长　134 厘米

下摆宽　95 厘米

文物号　故 00044761

后妃便服之一，盘饰边角规矩对称，针

脚细密，做工上乘。

石青色缎绣瓜蝶纹镶领袖边
女对襟夹马褂 清光绪

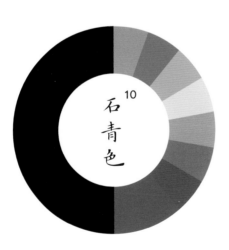

石青色 10

C90 M86 Y85 K76 R9 G6 B8	C78 M63 Y51 K7 R73 G92 B106	C82 M70 Y0 K0 R64 G82 B162
C45 M63 Y86 K4 R155 G106 B57	C42 M45 Y72 K0 R165 G141 B86	C26 M12 Y44 K0 R201 G208 B158
C52 M29 Y65 K0 R139 G159 B108	C72 M49 Y100 K9 R87 G111 B49	C48 M52 Y16 K0 R149 G128 B167

身长　74 厘米

两袖通长　134 厘米

袖口宽　35 厘米

下摆宽　95 厘米

文物号　故 00044781

后妃便服之一，面料是晚清缂金银面料
的典范。

绛色缂金银水仙花纹镶领袖边
女对襟夹马褂 清光绪

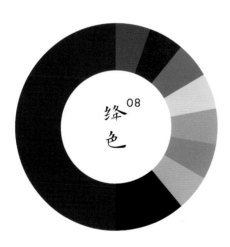

绛色 08

C56 M96 Y88 K44 R93 G23 B29	C83 M88 Y84 K74 R22 G7 B10	C36 M46 Y69 K0 R178 G143 B90
C44 M57 Y92 K1 R161 G118 B50	C47 M51 Y53 K0 R153 G129 B114	C31 M32 Y33 K0 R188 G173 B163
C75 M64 Y29 K0 R84 G95 B137	C100 M99 Y14 K0 R29 G38 B126	C95 M81 Y26 K0 R24 G66 B127

身长　75 厘米
肩宽　35 厘米
下摆宽　83 厘米

文物号　故 00044682
后妃日常便服，有繁复的边饰，代表
着以繁缛华丽的装饰为美的晚清时代
潮流。

茶色绸绣牡丹纹银鼠皮
对襟马褂　清 光绪

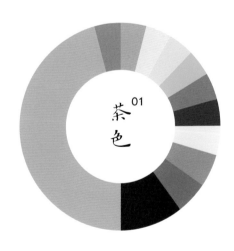

茶色
01

C31　M31　Y81　K0
R190　G170　B71

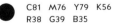
C81　M76　Y79　K56
R38　G39　B35

C61　M53　Y64　K4
R118　G115　B95

C54　M37　Y75　K0
R136　G145　B87

C94　M80　Y0　K0
R25　G64　B152

C77　M45　Y7　K0
R58　G122　B183

C61　M0　Y27　K0
R91　G192　B195

C36　M5　Y18　K0
R174　G213　B212

C42　M40　Y0　K0
R160　G153　B202

C53　M51　Y4　K0
R136　G127　B182

身长　58 厘米

两袖通长　118 厘米

袖口宽　27 厘米

下摆宽　85 厘米

文物号　故 00050099

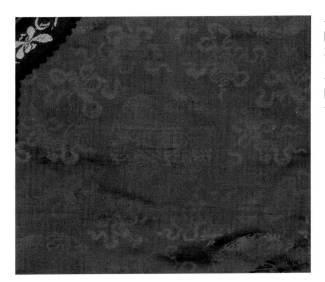

虾青色暗八仙团寿纹暗花缎
镶貂皮边对襟夹马褂 清光绪

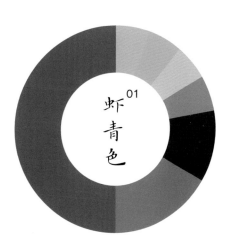

虾青色 01

C72 M66 Y73 K28
R77 G75 B64

C66 M56 Y66 K8
R103 G105 B89

C84 M79 Y77 K61
R29 G31 B31

C54 M59 Y72 K0
R139 G112 B82

C25 M33 Y64 K0
R202 G172 B104

C65 M18 Y26 K0
R88 G167 B183

C51 M29 Y30 K0
R138 G163 B169

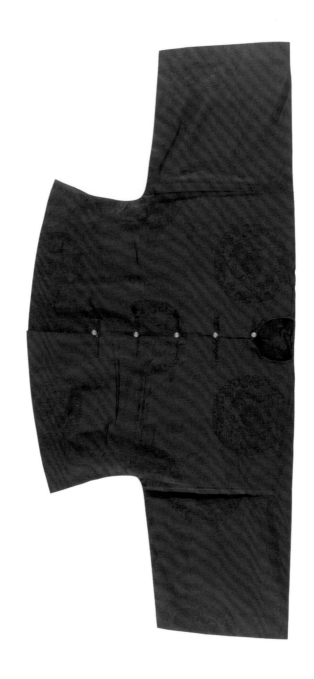

身长　75 厘米

两袖通长　123 厘米

袖口宽　35.5 厘米

下摆宽　94 厘米

文物号　故 00048250

红青色团年年吉庆纹暗花
江绸对襟单马褂 清光绪

01 红青色

C76 M77 Y55 K18
R78 G66 B85

C80 M76 Y68 K43
R51 G50 B55

C81 M74 Y71 K46
R46 G50 B51

C31 M39 Y56 K0
R188 G159 B117

身长　70 厘米

两袖通长　150 厘米

袖口宽　35 厘米

下摆宽　84 厘米

文物号　故 00050109

酱色江山万代纹暗花缎
镶水獭皮对襟夹马褂 清光绪

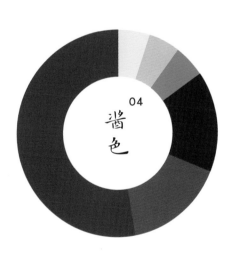

04
酱色

C75 M80 Y75 K51
R55 G40 B41

C58 M80 Y72 K31
R103 G57 B56

C82 M78 Y77 K59
R34 G34 B33

C87 M47 Y37 K0
R0 G114 B141

C29 M39 Y68 K0
R193 G159 B94

身长　76 厘米

两袖通长　111 厘米

袖口宽　34 厘米

下摆宽　86 厘米

文物号　故 00050098

玄青色素缎镶貂皮边
对襟棉马褂 清光绪

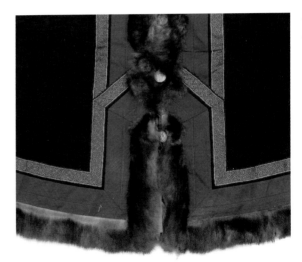

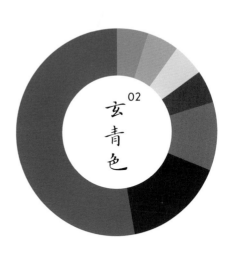

玄青色 02

- ● C95 M83 Y35 K0 / R29 G65 B117
- ● C84 M80 Y79 K65 / R26 G26 B26
- ● C60 M73 Y89 K34 / R97 G64 B40
- ● C66 M81 Y88 K54 / R66 G37 B26
- ○ C22 M15 Y18 K0 / R207 G210 B206
- ● C37 M46 Y68 K0 / R176 G142 B92
- ● C74 M42 Y24 K0 / R71 G128 B164

身长　73.5 厘米

两袖通长　122 厘米

袖口宽　35.5 厘米

下摆宽　94 厘米

文物号　故 00048174

皇后便服，以明黄色暗花绸为面，内衬宝
蓝色素纺丝绸里，使用繁复的绦边镶滚。

明黄色绸绣彩球梅纹
对襟棉马褂 清

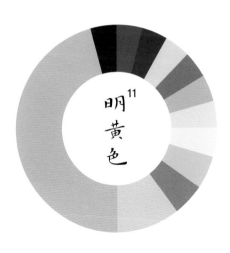

明¹¹黄色

C18 M29 Y89 K0
R217 G182 B42

C20 M24 Y15 K0
R211 G196 B202

C41 M56 Y10 K0
R164 G124 B170

C42 M5 Y25 K0
R158 G206 B199

C12 M9 Y12 K0
R230 G228 B225

C18 M9 Y36 K0
R218 G221 B177

C29 M29 Y47 K0
R193 G178 B140

C55 M52 Y72 K0
R135 G122 B86

C10 M18 Y81 K0
R235 G207 B64

C88 M78 Y11 K0
R50 G70 B144

C84 M58 Y47 K4
R48 G98 B117

C73 M75 Y87 K55
R53 G42 B29

身长　62 厘米

两袖通长　140 厘米

袖口宽　21 厘米

下摆宽　74 厘米

文物号　故 00048177

后妃冬季便服，套在袍服外面，装饰简洁，
呈现出宫廷服饰典雅庄重的风范。

绛紫色绸绣折枝桃花团寿纹
镶貂皮对襟夹马褂 清

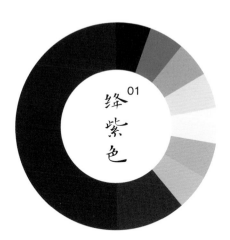

01
绛紫色

● C51 M98 Y89 K31 R115 G26 B35	● C63 M81 Y96 K51 R74 G40 B21	● C27 M33 Y54 K0 R197 G172 B124
● C21 M40 Y73 K0 R209 G162 B82		● C18 M23 Y1 K0 R214 G201 B226
● C36 M53 Y0 K0 R174 G131 B186	● C79 M64 Y0 K0 R68 G92 B169	● C79 M85 Y89 K72 R29 G14 B8

身长　75 厘米

两袖通长　128 厘米

袖口宽　36 厘米

下摆宽　94 厘米

文物号　故 00048179

后妃燕居便服，领、袖边饰品月色曲水
织金缎及明黄色云龙织金缎绦边，内衬
淡粉色素绸里，典雅恬淡。

草绿色江绸绣水墨牡丹
品月团寿纹对襟夹马褂

清

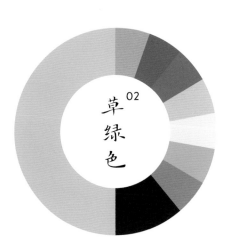

草绿色 02

C36 M24 Y93 K0
R180 G177 B43

C84 M80 Y80 K66
R25 G25 B24

C73 M43 Y35 K0
R78 G127 B148

C68 M17 Y13 K0
R69 G166 B204

C37 M25 Y21 K0
R173 G181 B189

C74 M61 Y43 K0
R87 G100 B122

C76 M69 Y36 K0
R85 G88 B125

C38 M43 Y88 K0
R175 G146 B56

身长　75 厘米

肩宽　35 厘米

下摆宽　83 厘米

左右开裾长　9 厘米

后开裾长　21 厘米

文物号　故 00044682

清代后妃日常便服之一，边饰繁复，面
料仅存方寸，代表着以繁缛华丽的装饰
为美的晚清时代潮流。

茶青色缎绣牡丹纹
女对襟夹小坎肩

清光绪

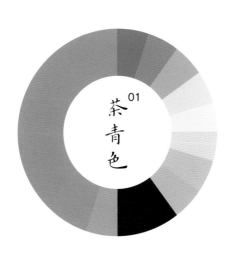

01 茶青色

C50 M48 Y87 K0
R148 G131 B62

C38 M48 Y79 K0
R174 G138 B72

C84 M81 Y81 K66
R26 G24 B23

C28 M33 Y48 K0
R195 G172 B135

C15 M39 Y1 K0
R217 G172 B206

C13 M23 Y18 K0
R225 G204 B207

C65 M40 Y41 K0
R104 G136 B141

C80 M49 Y5 K0
R48 G115 B181

C60 M18 Y18 K0
R105 G172 B197

身长　71 厘米

肩宽　40 厘米

下摆宽　80 厘米

文物号　故 00048092

晚清具有代表性的皇帝便服之一，立领，
面料为绛红色漳绒，其上三多图案象征
多子、多福、多寿。

绛红色三多团寿纹漳绒
琵琶襟夹小坎肩
清光绪

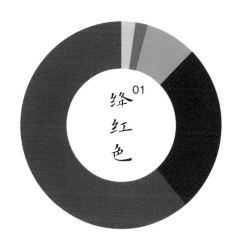

绛红色 01

C46 M89 Y74 K0 R156 G60 B66	C79 M81 Y73 K57 R42 G33 B37	C75 M42 Y13 K0 R65 G128 B179
C82 M69 Y40 K2 R65 G85 B119	C12 M36 Y57 K0 R226 G176 B115	

身长　139 厘米

下摆宽　117 厘米

文物号　故 00044500

品月色素缎面，彩绣百蝶，间饰平金绣
团寿纹，色彩淡雅柔和，颇具中国水墨
画的风韵。

品月色缎绣百蝶团寿字纹
夹大坎肩
清 光绪

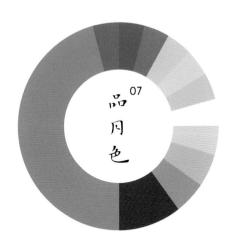

品
月
色
07

身长　74 厘米

两袖通长　110 厘米

袖口宽　33 厘米

下摆宽　86 厘米

文物号　故 00050405

茶色缂丝暗八仙纹羊皮
琵琶襟坎肩 清光绪

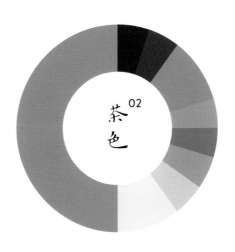

02
茶色

C54 M38 Y62 K0
R135 G145 B108

C14 M27 Y10 K0
R222 G196 B208

C36 M46 Y9 K0
R175 G146 B184

C61 M58 Y0 K0
R118 G110 B177

C34 M42 Y65 K0
R182 G151 B99

C75 M29 Y26 K0
R51 G145 B172

C52 M40 Y41 K0
R139 G144 B142

C73 M69 Y74 K37
R69 G64 B55

C80 M73 Y82 K55
R40 G43 B34

身长　72 厘米

肩宽　36 厘米

下摆宽　90 厘米

文物号　故 00050098

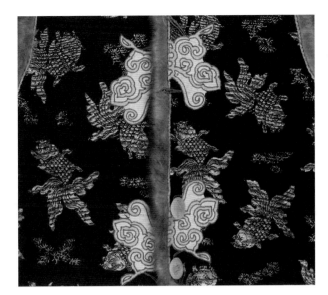

紫色金鱼纹织金绸镶貂皮边
对襟夹坎肩　清 光绪

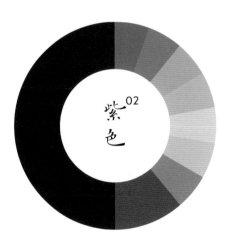

紫色 02

● C93 M100 Y59 K15 R45 G39 B75	● C63 M74 Y86 K40 R85 G57 B39	● C60 M58 Y63 K0 R124 G111 B96
● C32 M38 Y29 K0 R185 G162 B164	● C12 M40 Y7 K0 R223 G172 B197	● C42 M29 Y79 K0 R166 G166 B79
● C48 M39 Y46 K0 R149 G148 B134	● C84 M56 Y33 K0 R44 G103 B139	● C89 M63 Y18 K0 R20 G92 B151

其他

文物号　故 00022965

果绿色缠枝牡丹纹

漳缎 （清 乾隆）

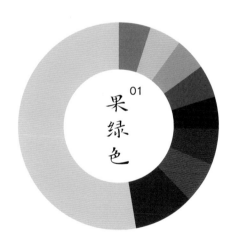

01 果绿色

C31 M25 Y30 K0 R188 G185 B174		C39 M98 Y92 K5 R164 G36 B43		C22 M90 Y70 K0 R198 G57 B65	
C40 M95 Y52 K0 R167 G42 B86		C55 M98 Y76 K33 R106 G25 B45		C79 M64 Y73 K30 R59 G74 B64	
C58 M41 Y48 K0 R124 G139 B130		C25 M35 Y70 K0 R202 G168 B91		C45 M63 Y100 K4 R156 G105 B37	

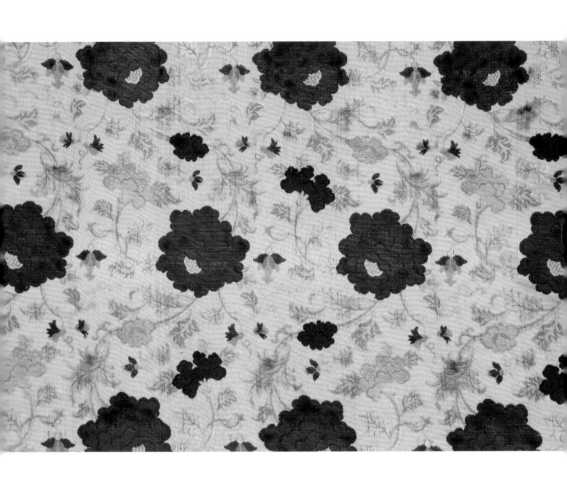

文物号　故 00023030

葱绿色缠枝牡丹纹

漳缎 〔清乾隆〕

葱绿色缠枝牡丹纹

漳缎 〔清乾隆〕

一七四・一七五

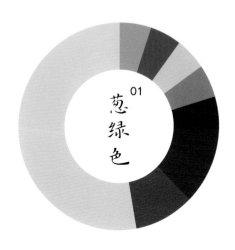

01 葱绿色

C26 M20 Y27 K0
R199 G197 B184

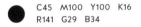
C45 M100 Y100 K16
R141 G29 B34

C16 M31 Y70 K0
R220 G181 B91

C12 M96 Y90 K0
R213 G36 B37

C51 M100 Y100 K35
R111 G19 B24

C78 M59 Y89 K29
R60 G80 B50

C41 M100 Y100 K6
R160 G31 B36

C38 M60 Y100 K0
R174 G116 B33

C54 M41 Y41 K0
R134 G142 B141

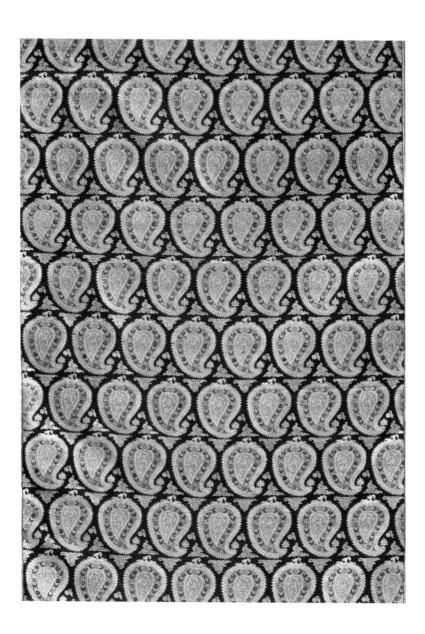

文物号　故 00222828

玫瑰紫色地金银拜丹姆纹

回回锦

清乾隆

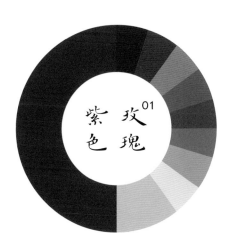

玫瑰
紫色 01

● C42 M100 Y84 K9 R154 G29 B49	● C27 M36 Y37 K0 R196 G168 B153	● C18 M22 Y16 K0 R215 G201 B202
● C35 M42 Y94 K0 R181 G149 B41	● C64 M54 Y74 K8 R108 G108 B78	● C74 M62 Y98 K34 R69 G74 B37
● C71 M68 Y24 K0 R97 G91 B140	● C28 M68 Y33 K0 R190 G106 B128	● C39 M94 Y84 K4 R165 G47 B51
● C72 M90 Y64 K42 R70 G34 B54		

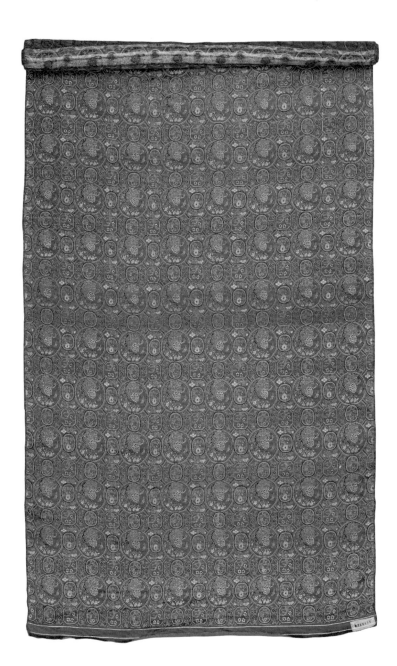

文物号　故 00222176

天华锦 清乾隆

烟色地折枝花卉纹

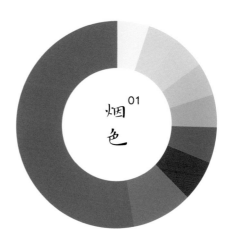

烟色 01

C58 M68 Y71 K16
R117 G85 B71

C67 M56 Y71 K10
R99 G104 B81

C39 M96 Y100 K4
R166 G42 B36

C77 M66 Y48 K6
R78 G89 B108

C56 M38 Y28 K0
R127 G146 B163

C43 M37 Y33 K0
R160 G156 B158

C22 M38 Y31 K0
R205 G168 B161

C19 M29 Y77 K0
R215 G182 B76

沉香色地蔓草朵
花纹锦

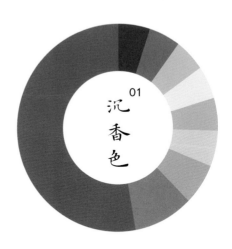

01 沉香色

● C48 M69 Y96 K10　　● C41 M56 Y78 K0　　● C27 M40 Y65 K0
　R144 G90 B41　　　　　R167 G123 B72　　　　R197 G159 B99

● C15 M24 Y36 K0　　　● C45 M24 Y32 K0
　R222 G198 B165　　　　R154 G175 B170

● C30 M25 Y59 K0　　　● C64 M54 Y74 K8　　● C84 M71 Y62 K28
　R192 G183 B119　　　　R108 G109 B79　　　　R49 G66 B74

文物号　故 00014602

烟色云蝠纹线绸

清雍正

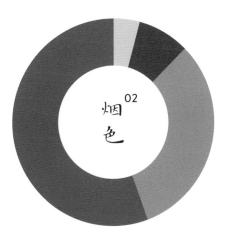

烟色 02

 C65 M66 Y69 K20
R99 G83 B72

C51 M51 Y57 K0
R144 G127 B108

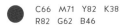 C66 M71 Y82 K38
R82 G62 B46

C21 M24 Y29 K0
R209 G194 B178

文物号　故 00013709

葡灰色二则团龙纹江绸

清道光

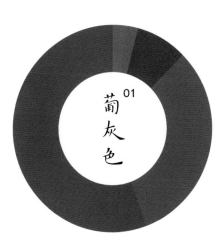

01 葡灰色

C61 M74 Y69 K23
R105 G70 B67

C58 M71 Y69 K17
R116 G80 B71

C65 M76 Y71 K33
R89 G60 B58

C55 M67 Y73 K13
R126 G90 B70

C42 M71 Y91 K4
R161 G93 B48

文物号　故 00013735

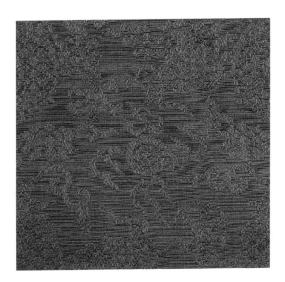

墨绿色二则团龙纹线绸

清道光

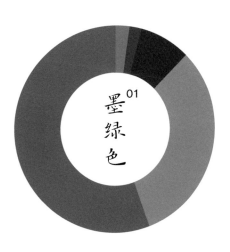

01

墨绿色

C77　M58　Y67　K17
R69　G92　B82

C64　M46　Y54　K0
R110　G127　B117

C85　M70　Y76　K48
R34　G51　B46

C80　M67　Y71　K35
R53　G66　B61

C71　M53　Y59　K4
R91　G111　B103

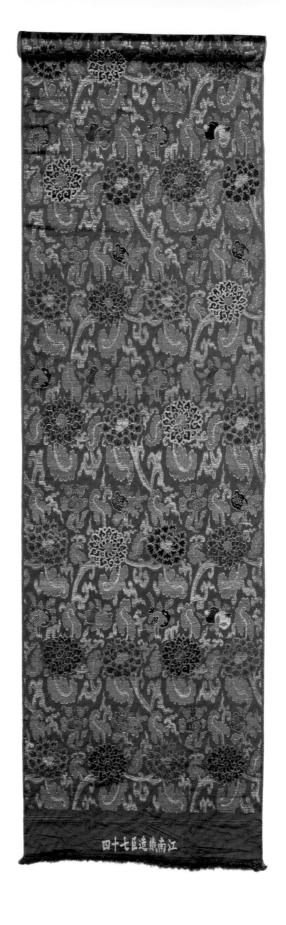

四十七匹造織南江

文物号　故 00031984

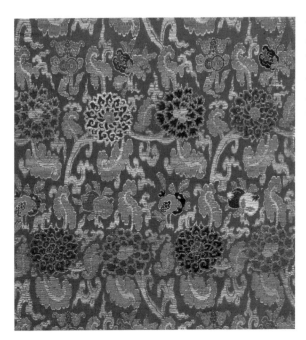

墨绿色三多勾莲纹

妆花缎 （清道光）

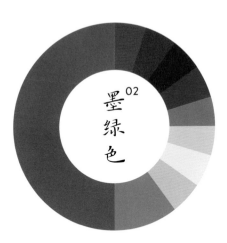

墨绿色 02

C78　M59　Y73　K22
R64　G86　B71

C55　M55　Y98　K6
R132　G113　B43

C31　M36　Y51　K0
R188　G164　B128

C12　M10　Y11　K0
R229　G225　B219

C31　M18　Y27　K0
R188　G197　B186

C67　M58　Y58　K6
R103　G104　B100

C88　M86　Y22　K0
R58　G59　B128

C78　M75　Y79　K53
R46　G43　B37

C63　M79　Y78　K40
R85　G51　B45

C18　M90　Y100　K0
R205　G58　B26

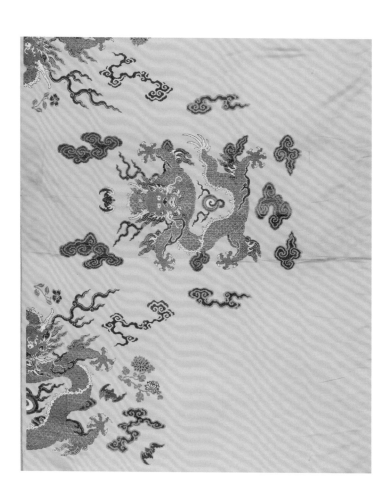

文物号　故 00032642

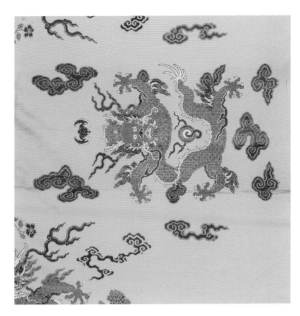

鹅黄色五彩
大蟒缎 清道光

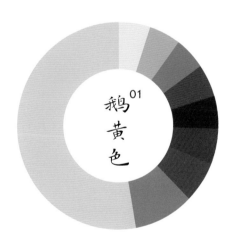

鹅黄色 01

C18 M19 Y89 K0
R219 G198 B41

C47 M56 Y100 K3
R153 G117 B38

C65 M67 Y100 K35
R86 G69 B31

C73 M68 Y87 K44
R63 G59 B39

C82 M73 Y94 K63
R29 G35 B18

C34 M91 Y100 K1
R178 G56 B35

C67 M48 Y100 K6
R102 G117 B48

C56 M23 Y35 K0
R123 G167 B165

C13 M13 Y31 K0
R228 G221 B182

文物号　故 00039464

洋红色缎地菊竹桃石榴
莲纹绦　清光绪

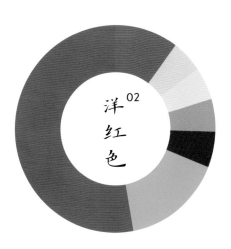

洋红色 02

C10 M91 Y55 K0
R217 G52 B81

C70 M0 Y66 K0
R60 G179 B120

C81 M78 Y77 K59
R36 G34 B33

C32 M51 Y72 K0
R186 G136 B82

C4 M19 Y65 K0
R246 G211 B106

C1 M33 Y13 K0
R245 G193 B198

C9 M90 Y32 K0
R218 G52 B108

文物号　故 00039888

牡丹纹绦 红灰色缎地淡彩菊莲 〔清光绪〕

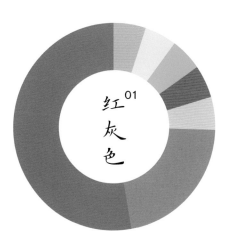

红灰色 01

C51 M66 Y36 K0
R144 G101 B127

C10 M88 Y6 K0
R216 G55 B136

C25 M39 Y73 K0
R201 G161 B83

C46 M56 Y82 K0
R157 G120 B67

C64 M0 Y62 K0
R89 G185 B127

C0 M31 Y2 K0
R247 G199 B218

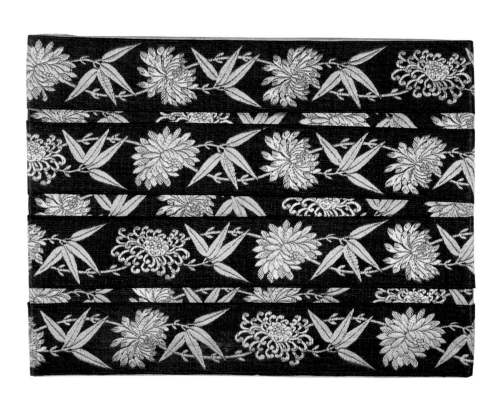

文物号　故 394046-1/6

纹绦　元青色缎地淡彩竹菊

清光绪

一九六·一九七

元青色 01

C77　M73　Y82　K53
R48　G45　B35

C10　M19　Y0　K0
R231　G214　B233

C42　M7　Y68　K0
R164　G198　B109

C15　M14　Y59　K0
R225　G212　B124

C46　M0　Y6　K0
R141　G210　B235

C89　M84　Y85　K75
R10　G10　B10

文物号　故 00015525

品绿色一团龙纹
暗花缎　清光绪

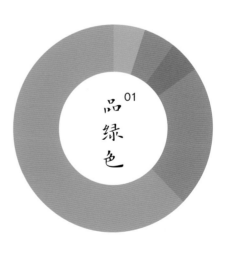

01
品绿色

C79　M28　Y67　K0
R38　G141　B108

C84　M37　Y74　K1
R16　G126　B93

C87　M46　Y80　K7
R10　G110　B79

C84　M38　Y75　K1
R20　G125　B92

C77　M21　Y65　K0
R41　G151　B114

文物号　故 00016961

鹅黄色牡丹纹织金缎

清光绪

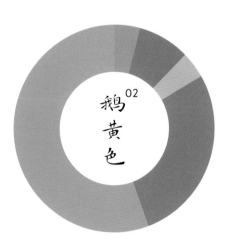

鹅黄色 02

C32 M46 Y97 K0
R187 G143 B30

C49 M57 Y100 K4
R147 G114 B39

C27 M35 Y69 K0
R198 G167 B93

C47 M61 Y100 K5
R151 G107 B37

C45 M46 Y87 K0
R159 G137 B61

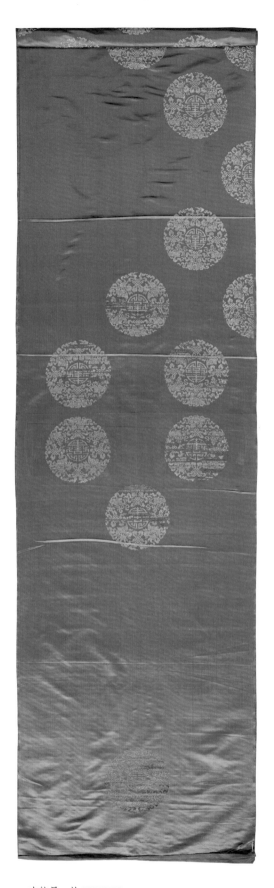

文物号 故 00017610

织金缎　品蓝色福寿绵长纹
〔清光绪〕

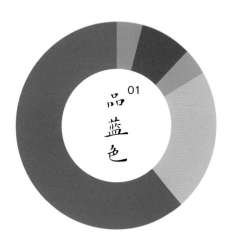

品蓝色 01

C88 M60 Y7 K0
R17 G96 B166

C37 M30 Y34 K0
R174 G172 B162

C50 M41 Y39 K0
R144 G144 B144

C92 M72 Y16 K0
R21 G79 B145

C77 M34 Y0 K0
R34 G137 B203

文物号　故 00222150

织金锦　枣红色地八宝纹

清光绪

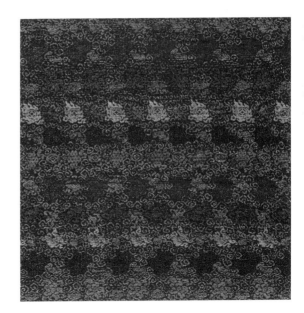

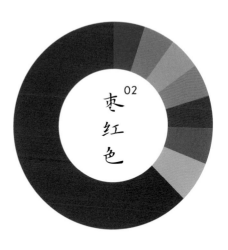

枣红色 02

● C46 M100 Y86 K16 R140 G28 B45	● C91 M99 Y29 K0 R57 G40 B112	● C23 M49 Y89 K0 R204 G143 B46
● C66 M67 Y77 K28 R90 G75 B58	● C61 M95 Y31 K0 R126 G43 B110	● C18 M82 Y63 K0 R206 G77 B77
● C31 M68 Y48 K0 R185 G105 B108	● C49 M75 Y75 K11 R140 G80 B65	● C94 M90 Y16 K0 R40 G52 B130

文物号　故 00017731

古铜色地折枝花纹
织金锦 （清光绪）

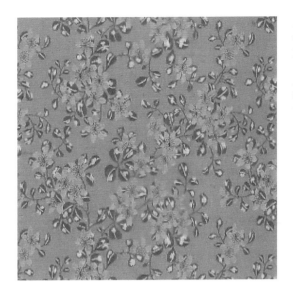

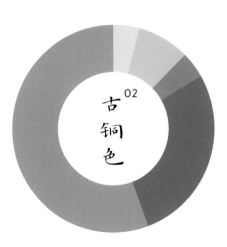

古铜色 02

C41 M52 Y74 K0
R167 G130 B80

C65 M63 Y78 K21
R98 G86 B63

C42 M62 Y84 K2
R163 G110 B60

C23 M33 Y60 K0
R206 G174 B112

C17 M74 Y97 K0
R218 G196 B163

文物号　故 00013667

紫红色团年年吉庆纹江绸

清光绪

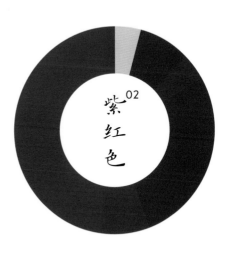

紫 02
红
色

● C42 M100 Y95 K9 R155 G30 B39	● C46 M100 Y100 K18 R138 G28 B33	● C85 M96 Y34 K2 R72 G44 B108
● C62 M96 Y63 K31 R97 G30 B59	● C16 M38 Y76 K0 R219 G168 B75	

文物号　故 00013915

银灰色灵仙祝寿纹江绸

清光绪

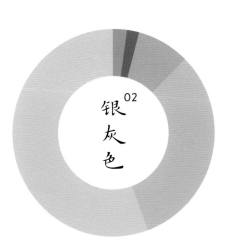

银 02
灰
色

C28 M23 Y23 K0
R194 G191 B189

C36 M28 Y31 K0
R176 G176 B169

C38 M38 Y43 K0
R173 G157 B140

C74 M68 Y35 K0
R90 G90 B127

C40 M46 Y64 K0
R169 G141 B99

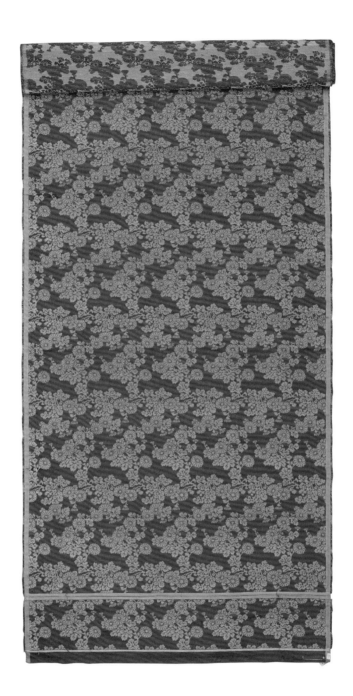

文物号　故 00017775

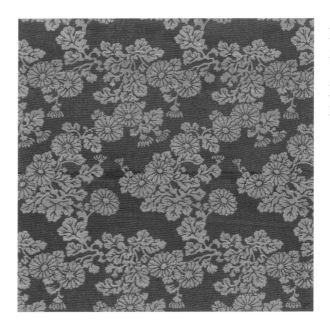

※
桔红色地菊花纹锦

清光绪

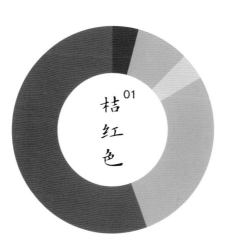

桔红色 01

● C18 M92 Y100 K0 R205 G52 B27	● C28 M51 Y61 K0 R193 G139 B100	◉ C22 M40 Y52 K0 R206 G163 B123
● C35 M50 Y72 K0 R180 G136 B83	● C49 M92 Y100 K24 R127 G43 B31	

※ 来源于故宫。

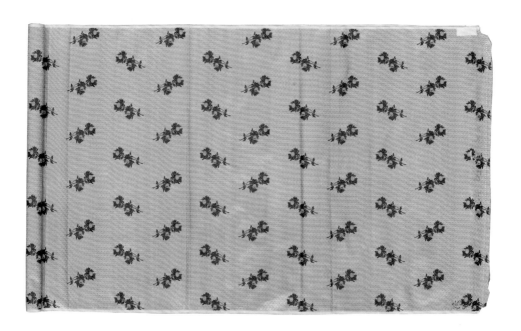

文物号 故 00015325

豆青色地折枝菊花纹二重锦

清

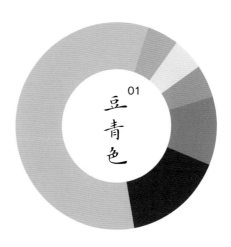

01

豆青色

C42 M22 Y38 K0 R162 G180 B161	C76 M77 Y71 K48 R55 G45 B47	C65 M53 Y59 K3 R108 G114 B104
C57 M42 Y54 K0 R128 G137 B119	C22 M14 Y24 K0 R208 G211 B199	C40 M39 Y78 K0 R170 G151 B77

文物号　故 00222879

桔黄色地缠枝洋花纹金宝地锦

清

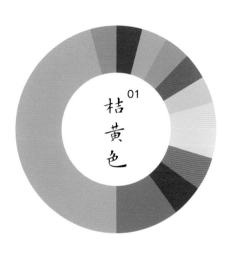

01
桔黄色

C21 M41 Y59 K0
R208 G161 B109

C63 M49 Y99 K6
R113 G117 B47

C20 M96 Y91 K0
R201 G38 B39

C0 M82 Y39 K0
R233 G78 B106

C31 M9 Y26 K0
R188 G211 B195

C0 M23 Y36 K0
R250 G210 B167

C3 M29 Y78 K0
R245 G192 B68

C38 M73 Y95 K2
R171 G92 B41

C56 M34 Y20 K0
R125 G152 B179

C32 M40 Y28 K0
R185 G159 B164

C82 M79 Y48 K11
R67 G67 B97

C58 M33 Y87 K0
R126 G148 B68

文物号　故 00013968

豆沙色牡丹纹花绸 〔清〕

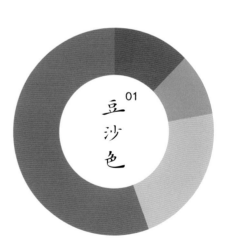

豆沙色

C52 M66 Y52 K1　　C22 M40 Y25 K0　　C36 M53 Y35 K0
R142 G100 B105　　R205 G165 B169　　R176 G132 B140

C58 M72 Y60 K10　　C59 M74 Y58 K10
R122 G83 B85　　R121 G79 B87

高　4.5 厘米

长　　14.5 厘米

脚掌宽　5.5 厘米

文物号　故 00060615

秋香色缎盘绦花卉纹

小皂鞋 〔清 嘉庆〕

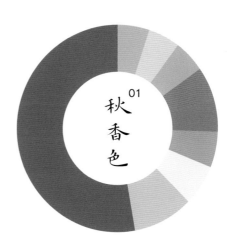

01

秋香色

C53 M68 Y100 K17
R127 G85 B36

C22 M26 Y47 K0
R208 G188 B142

C56 M35 Y47 K0
R128 G149 B135

C66 M49 Y87 K6
R104 G116 B65

C10 M75 Y68 K0
R220 G95 B72

C11 M51 Y44 K0
R224 G148 B128

C12 M24 Y42 K0
R228 G199 B154

C25 M32 Y71 K0
R202 G173 B90

文物号　故 00061812

月白色缎绣勾莲平金绣
二龙戏珠纹夹袜 清

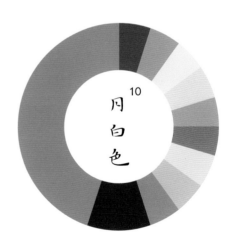

10

月白色

C74 M47 Y27 K0 R76 G121 B155	C82 M82 Y75 K60 R35 G29 B33	C51 M55 Y80 K3 R143 G117 B70
C12 M35 Y58 K0 R227 G178 B114	C7 M19 Y58 K0 R240 G210 B123	C17 M82 Y78 K0 R208 G78 B57
C46 M48 Y46 K0 R155 G135 B127	C16 M19 Y24 K0 R220 G202 B192	
C65 M38 Y77 K0 R107 G137 B86	C85 M78 Y56 K24 R52 G60 B80	

高 29 厘米
长 23 厘米

文物号 故 00061813

白色绫绣五毒纹
短腰夹袜 清

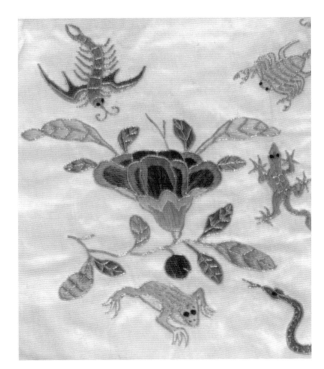

白色 02

C75 M68 Y65 K26
R72 G73 B73

C56 M61 Y53 K2
R132 G107 B107

C51 M50 Y64 K1
R144 G127 B98

C12 M39 Y75 K0
R226 G169 B76

C7 M23 Y46 K0
R238 G204 B146

C8 M17 Y35 K0
R237 G215 B174

C13 M81 Y75 K0
R214 G81 B60

C43 M86 Y92 K9
R153 G63 B43

C42 M28 Y83 K0
R166 G167 B71

C65 M44 Y89 K2
R108 G127 B65

高 27.5 厘米

长 23 厘米

文物号 故 00061814

白色绫绣金边福寿纹

短腰夹袜 清

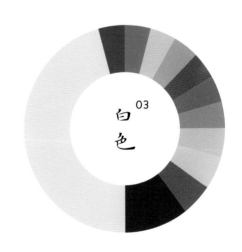

白色 03

C14 M14 Y20 K0
R227 G219 B204

C82 M80 Y65 K42
R48 G46 B57

C60 M63 Y75 K15
R113 G92 B69

C11 M22 Y76 K0
R232 G200 B78

C16 M27 Y57 K0
R221 G190 B121

C56 M37 Y81 K0
R131 G144 B77

C71 M48 Y85 K7
R89 G114 B69

C20 M88 Y87 K0
R202 G63 B44

C20 M49 Y53 K0
R208 G147 B114

C10 M36 Y25 K0
R229 G182 B175

C71 M51 Y32 K0
R90 G117 B145

C81 M70 Y49 K9
R67 G80 B103

高 27 厘米

长 23 厘米

文物号 故 00062066

白色绫画山石鹤寿纹
短腰夹袜 清

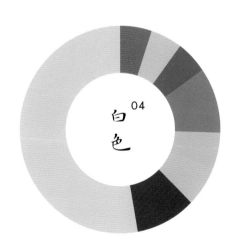

白色 04

C16 M20 Y29 K0 R220 G205 B182	C76 M71 Y67 K33 R66 G64 B65	C14 M29 Y78 K0 R225 G185 B72
C31 M19 Y69 K0 R191 G190 B101	C56 M49 Y74 K2 R132 G125 B83	C67 M44 Y73 K2 R102 G126 B89
C78 M58 Y53 K5 R71 G100 B108	C13 M31 Y36 K0 R225 G187 B159	C23 M80 Y74 K1 R197 G81 B64

高　28.5 厘米
长　23 厘米

文物号　故 00061811

湖绿色缎绣花卉纹

短腰夹袜 清

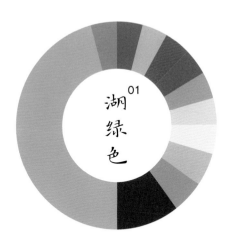

湖绿色 01

C53 M21 Y38 K0 R132 G172 B161	C77 M74 Y75 K47 R53 G49 B46	C38 M47 Y66 K0 R174 G140 B95
C11 M40 Y67 K0 R227 G168 B92		C12 M15 Y70 K0 R212 G211 B96
C52 M30 Y80 K0 R141 G157 B80	C75 M52 Y92 K15 R75 G101 B56	C22 M86 Y82 K0 R199 G68 B52
C10 M48 Y35 K0 R226 G155 B145	C61 M65 Y58 K8 R117 G94 B94	C67 M37 Y30 K0 R94 G139 B160

高　30 厘米

宽　16.5 厘米

长　23 厘米

文物号　故 00061817

绿色缎绣蝴蝶纹短腰夹袜 清

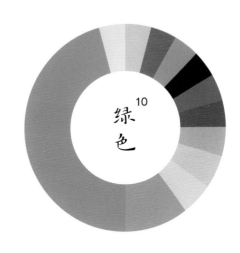

绿色 10

C65 M33 Y82 K0
R106 G143 B79

C57 M31 Y75 K0
R127 G152 B90

C15 M21 Y49 K0
R223 G201 B142

C14 M30 Y53 K0
R224 G186 B127

C8 M50 Y82 K0
R230 G149 B56

C46 M83 Y78 K10
R147 G67 B59

C58 M66 Y75 K15
R118 G89 B68

C87 M87 Y68 K56
R30 G27 B41

C68 M37 Y10 K0
R88 G139 B189

C9 M85 Y78 K0
R220 G71 B54

C11 M37 Y30 K0
R227 G177 B164

C14 M18 Y25 K0
R225 G210 B191

高　29.5 厘米
长　24 厘米

文物号　故 00061809

杏黄色缎绣云团鹤纹
短腰夹袜 〔清〕

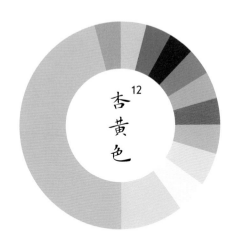

杏黄色 12

CO M40 Y80 K0
R246 G173 B60

C33 M10 Y19 K0
R182 G208 B207

C0 M0 Y0 K0
R242 G224 B214

C0 M19 Y58 K0
R253 G215 B122

C0 M47 Y33 K0
R243 G162 B150

C0 M82 Y78 K0
R234 G80 B52

C42 M28 Y72 K0
R165 G168 B93

C67 M41 Y78 K0
R102 G131 B83

C90 M91 Y46 K11
R51 G50 B93

C79 M56 Y20 K0
R64 G106 B156

C24 M26 Y40 K0
R203 G187 B156

C15 M51 Y85 K0
R218 G144 B51

高　28 厘米

长　　22 厘米

文物号　故 00061808

明黄色缎绣五毒纹短腰夹袜

清

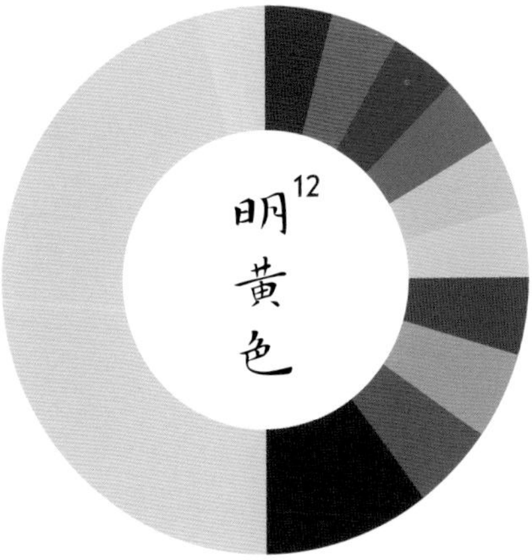

- C13 M18 Y60 K0 R229 G207 B119
- C40 M35 Y47 K0 R169 G160 B136
- C36 M14 Y19 K0 R175 G199 B203
- C13 M81 Y75 K0 R214 G81 B60
- C84 M82 Y67 K47 R42 G40 B51
- C75 M58 Y94 K25 R71 G86 B47
- C77 M48 Y56 K0 R70 G117 B113
- C49 M87 Y100 K18 R134 G55 B34
- C45 M71 Y92 K7 R152 G90 B46
- C26 M11 Y65 K0 R202 G207 B112
- C89 M72 Y36 K0 R42 G80 B123
- C11 M17 Y44 K0 R232 G212 B155

高 29 厘米
长 23 厘米

文物号 故 00061824

月白色缎钉绫五毒
纹短腰女夹袜 清

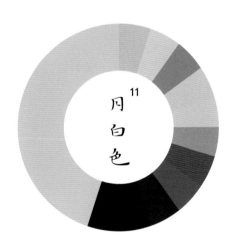

月白色 11

C32 M14 Y19 K0
R184 G203 B203

C83 M78 Y72 K53
R37 G39 B43

C69 M75 Y82 K48
R67 G49 B38

C72 M64 Y28 K0
R93 G97 B139

C16 M87 Y86 K0
R209 G66 B44

C29 M42 Y60 K0
R192 G154 B107

C16 M19 Y34 K0
R221 G206 B173

C1 M28 Y28 K0
R247 G201 B177

C52 M35 Y73 K0
R141 G150 B91

C11 M20 Y59 K0
R232 G205 B120

C4 M36 Y50 K0
R240 G181 B129

○

故宫服饰色谱

清·顺治

姜黄色 01

C15 M31 Y84 K0
R223 G181 B56

姜黄色八团彩云金龙
纹妆花纱男夹龙袍

明黄色 04

C20 M38 Y73 K0
R211 G166 B83

明黄色彩云金龙纹妆
花纱男夹龙袍

明黄色 06

C14 M28 Y84 K0
R225 G187 B56

明黄色八团彩云金龙
纹妆花纱女单龙袍

蓝色 13

C75 M59 Y40 K0
R83 G103 B128

蓝色锦缎铜钉顺治帝
御用棉甲

清·康熙

石青色 01

C85 M81 Y78 K65
R25 G25 B26

石青色缎绣四团彩云福
如东海金龙纹夹衮服

石青色 02

C83 M83 Y61 K37
R51 G46 B64

石青色缎平金绣四团
云龙纹灰鼠皮衮服

明黄色 01

C16 M27 Y79 K0
R221 G187 B71

明黄色彩云金龙纹天
马皮镶貂皮边男朝服

黄色 01

C30 M44 Y87 K0
R191 G149 B54

黄色云纹缎串珠朝靴

杏黄色 02

C29 M65 Y93 K0
R190 G110 B40

杏黄色彩云金龙纹妆
花纱女夹龙袍

绿色 03

C79 M49 Y87 K11
R62 G106 B66

绿色暗花纱平金绣孔
雀羽博古纹男敏

油绿色 01

C76 M65 Y65 K23
R72 G78 B76

油绿色云龙纹暗花缎
棉行服袍

香色 05

C44 M47 Y84 K0
R161 G136 B65

香色夔龙纹云纹暗花绸
羊皮行服袍

驼色 02

C34 M51 Y75 K0
R182 G135 B77

驼色团龙纹暗花绸羊
皮行服袍

黄色 02

C33 M54 Y82 K0
R184 G130 B63

黄色熏皮夹行裳

灰色 02

C23 M27 Y42 K0
R205 G185 B150

灰色春绸里梅花鹿皮
行裳拆片

黄色 03

C9 M27 Y83 K0
R235 G192 B56

黄色缎绣金龙纹铜钉
康熙帝御用棉甲

石青色 09

C85 M83 Y64 K43
R43 G42 B57

石青色缎绣彩云蓝龙
有水纹棉甲

古铜色 01

C58 M72 Y92 K27
R107 G71 B41

古铜色牡丹花纹暗花
春绸棉斗篷

清·雍正

月白色 01

C60 M19 Y17 K0
R105 G171 B197

月白色彩云金龙纹妆
花纱男夹朝袍

石青色 04

C77 M78 Y65 K38
R61 G51 B60

石青色彩云金龙纹妆
花缎上羊皮下银鼠皮
镶水獭边男朝袍

石青色 06

C89 M87 Y80 K73
R13 G9 B16

石青色纱绣彩云金龙
纹夹朝褂

明黄色 02

C9 M31 Y79 K0
R234 G185 B67

明黄色缎绣彩云金龙
纹女夹朝袍

香色 01

C42 M56 Y80 K0
R165 G122 B69

香色彩云金龙纹妆花
缎女夹朝袍

明黄色 03

C13 M45 Y82 K0
R222 G156 B58

明黄色纳纱绣彩云金
龙纹男单朝袍

桃红色 01

C15 M56 Y39 K0
R215 G136 B131

桃红色八团彩云金龙
纹妆花纱女夹龙袍

雪青色 01

C36 M53 Y37 K0
R176 G132 B137

雪青色八团彩云金龙
纹妆花缎女夹龙袍

香色 03

C35 M43 Y94 K0
R181 G147 B41

香色八团彩云金龙纹
妆花缎女棉龙袍

月白色 04

C54 M29 Y24 K0
R129 G161 B178

月白色缎绣金龙纹铜
钉雍正帝御用棉甲

灰色 03

C33 M34 Y45 K0
R184 G167 B140

灰色团花纹暗花春绸
鹿皮腿马褂

沉香色 01

C48 M69 Y96 K10
R144 G90 B41

沉香色地蔓草朵
花纹锦

烟色 02

C65 M66 Y69 K20
R99 G83 B72

烟色云蝠纹线绸

C98 M82 Y7 K0
R0 G62 B145

宝蓝色缎绣彩云金龙
纹男夹朝袍

C85 M82 Y69 K54
R34 G34 B43

石青色缎绣缉米珠彩
云金龙纹金板嵌宝石
棉朝褂

C20 M94 Y94 K0
R201 G46 B35

大红色团寿纹织金缎接
石青色寸蟒纹妆花缎金
板嵌珠石貂皮边夹朝裙

C59 M38 Y13 K0
R117 G144 B185

月白色缂丝彩云金龙
纹男单朝袍

C55 M93 Y94 K43
R95 G29 B25

绛色绸平金绣勾莲龙
纹男夹龙袍

C88 M77 Y52 K17
R46 G65 B90

蓝色纱缎绣彩云蝠八宝
金龙纹男夹龙袍

C30 M44 Y66 K0
R190 G150 B95

金色地缂丝彩云勾莲
蓝龙纹男夹龙袍

C19 M31 Y52 K0
R214 G181 B129

金色缂丝彩云蓝龙纹
青白狐皮男龙袍

C99 M92 Y36 K0
R25 G52 B110

宝蓝色江绸平金银绣
缠枝菊龙纹男夹龙袍

C3 M29 Y87 K0
R245 G192 B38

明黄色缎绣彩云金龙
纹男夹龙袍

C57 M73 Y76 K23
R113 G73 B59

酱色缎绣彩云蝠金龙
纹女夹龙袍

C45 M51 Y89 K1
R159 G128 B56

香色缎绣八团彩云金
龙纹女夹龙袍

C5 M70 Y87 K0
R230 G108 B40

杏黄色暗花纱缎绣八团
彩云金龙纹女夹龙袍

C43 M96 Y100 K11
R151 G40 B35

枣红色彩云金龙纹妆
花缎女棉龙袍

C36 M53 Y37 K0
R176 G132 B137

藕荷色纱缎绣八团金
婴龙庆寿纹女单龙袍

C39 M51 Y100 K0
R172 G131 B31

香色纳纱八团喜相逢
纹女单吉服袍

C42 M21 Y29 K0
R161 G183 B178

浅绿色缎绣博古花卉
纹女棉龙袍

C33 M52 Y31 K0
R182 G136 B147

雪灰色缎绣四季花卉
花篮纹女夹袍

C85 M84 Y72 K60
R30 G27 B35

石青色素缎夹常服褂

C43 M81 Y68 K4
R158 G74 B74

绛色二则团龙纹暗花
缎男棉常服袍

C90 M78 Y23 K0
R44 G71 B133

蓝色簟锦纹暗花缎夹
常服袍

C55 M72 Y96 K24
R116 G74 B37

驼色天纹锦珍珠毛皮
常服袍

C47 M51 Y62 K0
R154 G129 B100

灰色二则团龙纹暗花
江绸青白狐皮行服袍

C53 M62 Y67 K0
R141 G107 B87

香灰色二则团龙纹暗
花绸棉行服袍

C82 M78 Y78 K60
R33 G33 B32

青色团龙纹暗花江绸
羊皮行服袍

C99 M80 Y27 K0
R0 G67 B127

蓝色二则团龙纹暗花
实地纱夹袍

C13 M31 Y60 K0
R226 G184 B112

米黄色团年年吉庆纹
暗花直径纱单袍

C51 M89 Y85 K26
R121 G47 B43

绛色二则团龙纹暗花
缎单袍

C31 M25 Y30 K0
R188 G185 B174

果绿色缠枝牡丹纹
漳缎

C26 M20 Y27 K0
R199 G197 B184

葱绿色缠枝牡丹纹
漳缎

C42 M100 Y84 K9
R154 G29 B49

玫瑰紫色地金银拜丹
姆纹回回锦

C58 M68 Y71 K16
R117 G85 B71

烟色地折枝花卉纹
天华锦

蓝色 01

C95 M88 Y47 K14
R31 G53 B92

蓝色缂丝彩云金龙纹
貂皮边男夹朝袍

大红色 01

C20 M94 Y94 K0
R201 G46 B35

大红色缎绣彩云金龙纹
染银鼠皮边男夹朝袍

绛色 02

C43 M83 Y78 K6
R156 G70 B60

绛色绸绣彩云蝠金龙
纹女夹龙袍

蓝色 06

C93 M85 Y51 K18
R34 G54 B87

蓝色团龙纹暗花绸
青狐皮常服袍

蓝色 10

C95 M91 Y51 K22
R31 G45 B81

蓝色团龙纹暗花江绸
灰鼠皮行服袍

蓝色 11

C95 M86 Y47 K14
R29 G55 B93

蓝色团龙纹暗花绸珍
珠毛皮行服袍

蓝色 12

C92 M82 Y44 K9
R39 G63 B102

蓝色团龙纹暗花江绸
羊皮行服袍

酱色 03

C53 M85 Y82 K26
R118 G54 B47

酱色团龙纹暗花绸珍
珠毛皮行服袍

杏黄色 07

C0 M57 Y77 K0
R241 G139 62

杏黄色团龙纹暗花缎
玄狐皮马褂

香灰色 02

C50 M67 Y90 K10
R140 G93 B50

香灰色羽缎行裳

绛色 05

C50 M94 Y99 K29
R119 G36 B29

绛色呢单行裳

明黄色 10

C3 M36 Y88 K0
R243 G179 B35

明黄色团龙纹暗花江
绸貂皮镶喜字皮马褂

秋香色 01

C53 M68 Y100 K17
R127 G85 B36

秋香色缎盘绦花卉纹
小皂鞋

杏黄色 04

C21 M57 Y80 K0
R206 G130 B62

杏黄色纱绣彩云蝠金
龙纹女夹龙袍

杏黄色 05

C30 M77 Y100 K0
R187 G87 B31

杏黄色纱绣八团彩云
蝠金龙纹女夹龙袍

杏黄色 06

C12 M85 Y98 K0
R215 G71 B24

杏黄色缎绣八团彩云
金龙纹女夹龙袍

绿色 01

C78 M44 Y57 K1
R62 G121 B114

绿色绸绣八团彩云蝠
金龙纹女夹龙袍

绿色 02

C74 M47 Y51 K1
R80 G120 B121

绿色绸缎八团彩云蝠
金龙纹女棉龙袍

青色 01

C85 M82 Y76 K64
R26 G25 B29

青色团龙暗花绸银鼠
皮边常服褂

银灰色 01

C15 M15 Y23 K0
R223 G215 B198

银灰色江山万代纹暗
花缎女夹常服袍

蓝色 07

C96 M83 Y30 K0
R22 G64 B122

蓝色江山万代纹暗花
缎羊皮袍

蓝色 09

C98 M85 Y29 K0
R14 G61 B122

蓝色团龙纹暗花绸灰
鼠皮袍

绛色 04

C64 M80 Y76 K43
R81 G47 B44

绛色团龙暗花绸下
银鼠皮袍

青色 02

C85 M80 Y80 K66
R23 G25 B24

青色素缎上羊皮下灰
鼠皮袍

绿色 04

C84 M42 Y45 K0
R15 G122 B133

绿色缎缀绣八团花纹
灰鼠皮女便袍

洋红色 01

C30 M100 Y100 K0
R184 G28 B34

洋红色缎打籽绣牡丹
蝶纹夹氅衣

茄紫色 01

C72 M85 Y38 K0
R101 G64 B111

茄紫色椒眼纹暗花绸
棉氅衣

绿色 05

C82 M26 Y43 K0
R0 G143 B147

绿色团龙纹暗花绸夹
氅衣

蓝色 15

C85 M72 Y24 K0
R57 G80 B136

蓝色瓜蝶花卉纹暗花
纱单氅衣

藕荷色 02

C89 M99 Y35 K2
R61 G41 B106

藕荷色纱绣凤凰花卉
纹氅衣料

淡蓝色 01

C71 M25 Y23 K0
R67 G153 B181

淡蓝色团荷花纹暗花
绸夹衬衣

葡灰色 01

C61 M74 Y69 K23
R105 G70 B67

葡灰色二则团龙纹
江绸

墨绿色 01

C77 M58 Y67 K17
R69 G92 B82

墨绿色二则团龙纹
线绸

C78 M59 Y73 K22
R64 G86 B71

墨绿色二多勾莲纹妆
花缎

C18 M19 Y89 K0
R219 G198 B41

鹅黄色五彩大蟒缎

清·咸丰

C39 M12 Y70 K0
R172 G194 B103

绿色朵兰纹暗花绉
绸单袍

清·同治

C20 M55 Y83 K0
R208 G134 B57

杏黄色缂丝彩云金龙
纹皮龙袍拆片

C80 M38 Y30 K0
R34 G130 B159

月白色缂丝八团百蝶
喜相逢纹夹氅衣

C19 M25 Y43 K0
R214 G192 B151

米黄色团喜相逢纹暗
花绸棉袍

C0 M57 Y36 K0
R240 G140 B134

粉色缂丝梅竹金双喜
字纹袍料

C59 M49 Y100 K5
R123 G120 B44

柳绿色羽缎无领大襟
马蹄袖单袍

C8 M25 Y95 K0
R238 G195 B0

明黄色团寿纹暗花江
绸女单常服袍

C32 M30 Y59 K0
R187 G173 B117

浅驼色二则团龙纹暗
花直径纱小单常服袍

C85 M81 Y39 K3
R64 G67 B111

蓝色二则团龙纹暗花
江绸小棉常服袍

C22 M30 Y81 K0
R209 G178 B67

黄色葫芦双喜纹织金
缎棉氅衣

C78 M31 Y50 K0
R44 G139 B133

绿色缂丝海棠花蝶纹
女夹氅衣

C91 M99 Y53 K29
R43 G31 B71

茄紫色朵兰纹暗花绉
绸棉氅衣

C85 M50 Y25 K0
R21 G111 B155

月白色牡丹飞蝶纹暗
花罗棉氅衣

C10 M44 Y85 K0
R228 G160 B50

杏黄色团龙纹暗花江
绸天马皮氅衣

C17 M67 Y95 K0
R211 G110 B29

杏黄色缂丝双凤花卉
纹氅衣料

C81 M53 Y27 K0
R53 G109 B150

品月色缂丝水墨墩兰
纹氅衣料

C96 M91 Y23 K0
R34 G52 B123

蓝色缂丝竹叶纹氅
衣料

C100 M95 Y25 K0
R25 G46 B119

宝蓝色缂丝墨荷纹氅
衣料

C25 M35 Y86 K0
R202 G167 B55

黄色缂丝浅彩福禄善
庆纹氅衣料

C16 M81 Y65 K0
R209 G80 B74

桃红色缂丝荷花牡丹
小菊花纹氅衣料

C21 M46 Y0 K0
R205 G155 B197

雪灰色绸绣桂花纹氅
衣料

C19 M87 Y100 K0
R204 G66 B26

金黄色芝麻纱绣四季
花卉纹氅衣料

C33 M100 Y83 K0
R179 G29 B51

玫瑰红色团璧纹暗花
江绸单袍

C20 M52 Y79 K0
R208 G140 B65

杏黄色画虎纹菊蝶纹
地暗花实地纱小单袍

C18 M37 Y85 K0
R216 G168 B54

杏黄色三元纹暗花绸
夹衬衣

C59 M32 Y70 K0
R122 G149 B98

绿色纱绣枝梅金团寿
纹镶锁袖边单袍

白色
01

C12 M14 Y23 K0
R229 G219 B199

白色鹿皮板皮夹马褂

石青色
05

C85 M83 Y80 K69
R22 G19 B21

石青色绸绣彩云万蝠
寿八宝金龙纹夹朝褂

大红色
03

C20 M90 Y85 K0
R202 G58 B47

大红色缎绣彩云蝠寿
金龙纹女夹龙袍

大红色
04

C17 M92 Y91 K0
R206 G52 B38

大红色缂丝八团彩云
蝠八仙双喜金龙纹女
棉龙袍

蓝色
03

C73 M41 Y24 K0
R75 G130 B165

蓝色缂丝双喜纹上羊
皮下灰鼠皮便袍

点翠
01

C67 M46 Y0 K0
R96 G126 B191

镀金点翠镶珠石凤
钿子

草绿色
01

C42 M24 Y91 K0
R166 G172 B53

草绿色团万字菊花杂宝
纹暗花缎男单常服袍

酱色
02

C51 M86 Y70 K16
R131 G57 B64

酱色四合锦地团松竹
梅纹江绸棉袍

绛色
06

C57 M83 Y64 K19
R117 G60 B70

绛色缂丝金团喜字纹
上羊皮下灰鼠皮便袍

品月色
02

C67 M41 Y21 K0
R95 G134 B170

品月色缎绣玉兰飞蝶
纹夹氅衣

粉色
02

C4 M90 Y62 K0
R226 G55 B72

粉色纱绣海棠纹单
氅衣

红色
02

C31 M96 Y100 K0
R183 G42 B34

红色纳纱百蝶金双喜
纹单氅衣

明黄色
08

C10 M21 Y83 K0
R235 G201 B57

明黄色绸绣紫葡萄纹
夹氅衣

明黄色
09

C13 M22 Y84 K0
R229 G197 B56

明黄色线绣牡丹平
金团寿纹单氅衣

紫色
01

C95 M100 Y59 K29
R34 G32 B66

紫色纱绣朵兰纹单
氅衣

桃红色
03

C0 M82 Y53 K0
R233 G79 B88

桃红色团龙纹暗花江
绸棉氅衣

浅黄色
01

C10 M2 Y41 K0
R237 G238 B172

浅黄色罗绣海棠花纹
单氅衣

玄青色
01

C84 M81 Y73 K59
R32 G31 B36

玄青色缂丝菱形藕节
万字金团寿纹夹氅衣

月白色
06

C71 M30 Y17 K0
R71 G147 B186

月白色缎平金银绣墩
兰纹棉氅衣

月白色
07

C75 M31 Y26 K0
R54 G142 B171

月白色江绸平金绣团
寿字纹夹氅衣

藕荷色
03

C19 M25 Y6 K0
R212 G196 B215

藕荷色缎平金银绣菱
形藕节万字金团寿纹
夹氅衣

紫红色
01

C38 M100 Y58 K0
R170 G26 B77

紫红色绸绣浅彩云鹤
暗八仙纹氅衣料

品月色
03

C84 M59 Y29 K0
R47 G99 B142

品月色纳纱百蝶纹氅
衣料

湖色
01

C34 M16 Y4 K0
R178 G199 B226

湖色绸绣浅彩鱼藻纹
氅衣料

湖色
02

C19 M12 Y8 K0
R214 G218 B226

湖色绸绣浅彩鱼藻纹
氅衣料

品月色
04

C73 M27 Y17 K0
R57 G149 B188

品月色缎平金银绣菊
花团寿字纹棉衬衣

月白色
08

C78 M56 Y0 K0
R65 G105 B178

月白色缂丝风梅花纹
灰鼠皮衬衣

月白色
09

C77 M43 Y21 K0
R58 G125 B167

月白色缎绣彩藤萝纹
棉衬衣

品月色
05

C79 M46 Y5 K0
R48 G119 B184

品月色绸绣加金枝梅
水仙纹衬衣拆片

米黄色
03

C23 M19 Y50 K0
R207 G199 B141

米黄色绸绣水墨百蝶
纹单衬衣

浅月白色
01

C54 M23 Y24 K0
R128 G170 B183

浅月白色缂丝整枝梅
花纹棉衬衣

C55 M64 Y0 K0
R133 G102 B170

雪青色绦金整枝竹子
纹棉衬衣

C31 M45 Y17 K0
R186 G151 B175

浅雪青色绦金万字地
双喜字纹棉衬衣

C96 M96 Y31 K1
R40 G45 B112

宝蓝色缎平金绣云鹤
纹夹袍

C97 M89 Y0 K0
R25 G50 B144

蓝色缎穿珠绣栀子天
竹纹女大襟夹马褂

C45 M25 Y82 K0
R158 G169 B75

绿色牡丹纹暗花缎青
白胶镶福寿字貂皮琵
琶襟马褂

C77 M36 Y20 K0
R48 G135 B175

品月色缎绣绣球梅纹
女对襟夹马褂

C90 M86 Y85 K76
R9 G6 B8

石青色缎绣瓜蝶纹镶
领袖边女对襟夹马褂

C56 M96 Y88 K44
R93 G23 B29

绛色绦金银水仙花纹镶
领袖边女对襟夹马褂

C31 M31 Y81 K0
R190 G170 B71

茶色绸绣牡丹纹银鼠
皮对襟夹马褂

C72 M66 Y73 K28
R77 G75 B64

虾青色暗八仙团寿纹
暗花缎镶貂皮边对襟
夹马褂

C76 M77 Y55 K18
R78 G66 B85

红青色团年年吉庆纹
暗花江绸对襟单马褂

C75 M80 Y75 K51
R55 G40 B41

酱色江山万代纹暗花缎
镶水獭皮对襟夹马褂

C95 M83 Y35 K0
R29 G65 B117

玄青色素缎镶貂皮边
对襟棉马褂

C50 M48 Y87 K0
R148 G131 B62

茶青色缎绣牡丹纹女
对襟夹小坎肩

C46 M89 Y74 K0
R156 G60 B66

绛红色三多团寿纹漳
绒缎琵琶襟夹小坎肩

C69 M42 Y9 K0
R88 G131 B185

品月色缎绣绣百蝶团寿
字纹夹大坎肩

C54 M38 Y62 K0
R135 G145 B108

茶色绦丝绣八仙纹羊
皮琵琶襟坎肩

C93 M100 Y59 K15
R45 G39 B75

紫色金鱼纹织金绸镶
貂皮边对襟夹坎肩

C10 M91 Y55 K0
R217 G52 B81

洋红色缎地菊竹桃石
榴莲纹缘

C51 M66 Y36 K0
R144 G101 B127

红灰色缎地淡彩菊莲
牡丹纹缘

C77 M73 Y82 K53
R48 G45 B35

元青色缎地淡彩竹菊
纹缘

C79 M28 Y67 K0
R38 G141 B108

品绿色一团龙纹暗
花缎

C32 M46 Y97 K0
R187 G143 B30

鹅黄色牡丹纹织金缎

C88 M60 Y7 K0
R17 G96 B166

品蓝色福寿绵长纹织
金缎

C46 M100 Y86 K16
R140 G28 B45

枣红色地八宝纹织
金锦

C41 M52 Y74 K0
R167 G130 B80

古铜色地折枝花纹织
金锦

C42 M100 Y95 K9
R155 G30 B39

紫红色团年年吉庆纹
江绸

C28 M23 Y23 K0
R194 G191 B189

银灰色地灵仙祝寿纹
江绸

C18 M92 Y100 K0
R205 G52 B27

桔红色地菊花纹锦

C49 M0 Y6 K0
R131 G206 B235

金累丝嵌松石斋戒牌

C22 M35 Y63 K0
R207 G171 B105

金镶石项圈

C32 M89 Y61 K0
R181 G59 B78

金箍镶宝石红缎飘带

C61 M34 Y61 K0
R116 G146 B113

绿玉纽扣

C34 M68 Y100 K0
R181 G103 B31

蜜蜡纽扣

珊瑚 01

C12 M70 Y72 K0
R218 G106 B69

珊瑚纽扣

蓝色 04

C100 M100 Y48 K0
R31 G44 B94

蓝色料珠纽扣

明黄色 11

C18 M29 Y89 K0
R217 G182 B42

明黄色绸绣彩球梅纹
对襟棉马褂

绛紫色 01

C51 M98 Y89 K31
R115 G26 B35

绛紫色绸绣折枝桃花
团寿纹镶貂皮对襟夹
马褂

草绿色 02

C36 M24 Y93 K0
R180 G177 B43

草绿色江绸绣水墨牡
丹品月团寿纹对襟夹
马褂

豆青色 01

C42 M22 Y38 K0
R162 G180 B161

豆青色地折枝菊花纹
二重锦

桔黄色 01

C21 M41 Y59 K0
R208 G161 B109

桔黄色地缠枝洋花纹
金宝地锦

豆沙色 01

C52 M66 Y52 K1
R142 G100 B105

豆沙色牡丹纹花绸

月白色 10

C74 M47 Y27 K0
R76 G121 B155

月白色缎绣勾莲平金
绣二龙戏珠纹夹袜

白色 02

C8 M11 Y18 K0
R238 G228 B212

白色绫绣五毒纹短腰
夹袜

白色 03

C13 M14 Y20 K0
R227 G219 B204

白色绫绣金边福寿纹
短腰夹袜

白色 04

C16 M20 Y29 K0
R220 G205 B182

白色绫画山石鹤寿纹
短腰夹袜

湖绿色 01

C53 M21 Y38 K0
R132 G172 B161

湖绿色缎绣花卉纹短
腰夹袜

绿色 10

C65 M33 Y82 K0
R106 G143 B79

绿色缎绣蝴蝶纹短腰
夹袜

杏黄色 12

C0 M40 Y80 K0
R246 G173 B60

杏黄色缎绣云团鹤纹
短腰夹袜

明黄色 12

C13 M18 Y60 K0
R229 G207 B119

明黄色缎绣五毒纹短
腰夹袜

月白色 11

C32 M14 Y19 K0
R184 G203 B203

月白色缎钉绫五毒纹
短腰女夹袜

姜黄色 02

C15 M31 Y84 K0
R223 G181 B56 ③

姜黄色八团彩云金龙
纹妆花纱男夹龙袍 ⑤

注：
①色相 ②色名 ③色值
④文物局部 ⑤文物名称